# Mitteilungen über Forschungsarbeiten.

Die bisher erschienenen Hefte enthalten:

## Heft 1.
**Bach:** Untersuchungen über den Unterschied der Elastizität von Hartguß (abgeschrecktem Gußeisen) und von Gußeisen gewöhnlicher Härte.
—, Zur Frage der Proportionalität zwischen Dehnungen und Spannungen bei Sandstein.
—, Versuche über die Abhängigkeit der Festigkeit und Dehnung der Bronze von der Temperatur.
—, Versuche über das Arbeitsvermögen und die Elastizität von Gußeisen mit hoher Zugfestigkeit.
—, Versuche über die Druckfestigkeit hochwertigen Gußeisens und über die Abhängigkeit der Zugfestigkeit desselben von der Temperatur.
—, Untersuchung über die Temperaturverhältnisse im Innern eines Lokomobilkessels während der Anheizperiode.

## Heft 2. vergriffen.
**Stribeck:** Kugellager für beliebige Belastungen.
**Göpel:** Die Bestimmung des Ungleichförmigkeitsgrades rotierender Maschinen durch das Stimmgabelverfahren.
**Holborn** und **Dittenberger:** Wärmedurchgang durch Heizflächen.
**Lüdicke:** Versuche mit einem Lufthammer.

## Heft 3. vergriffen.
**Meyer:** Untersuchungen am Gasmotor.
**Martens:** Zugversuche mit eingekerbten Probekörpern.
**Werkzeugstahl-Ausschuß** Schnelldrehstahl.

## Heft 4. vergriffen.
**Bach:** Versuche über die Abhängigkeit der Zugfestigkeit und Bruchdehnung der Bronze von der Temperatur.
**Lindner:** Dampfhammer-Diagramme.
**Bach:** Eine Stelle an manchen Maschinenteilen, deren Beanspruchung aufgrund der üblichen Berechnung stark unterschätzt wird.
**Körting:** Untersuchungen über die Wärme der Gasmotorenzylinder.
**Claaßen:** Die Wärmeübertragung bei der Verdampfung von Wasser und von wässrigen Lösungen.

## Heft 5. vergriffen.
**Bach:** Die Elastizität der an verschiedenen Stellen einer Haut entnommenen Treibriemen.
**Staus:** Beitrag zur Wärmebilanz des Gasmotors.
**Pfarr:** Bremsversuche an einer New American-Turbine.
**Bach:** Zur Frage des Wärmewertes des überhitzten Wasserdampfes.

## Heft 6. vergriffen.
**Schröder:** Versuche zur Ermittlung der Bewegungen und Widerstandsunterschiede großer gesteuerter und selbsttätiger federbelasteter Pumpen-Ringventile.
**Westberg:** Schneckengetriebe mit hohem Wirkungsgrade.
**Frahm:** Neue Untersuchungen über die dynamischen Vorgänge in den Wellenleitungen von Schiffsmaschinen mit besonderer Berücksichtigung der Resonanzschwingungen.

## Heft 7. vergriffen.
**Stribeck:** Die wesentlichen Eigenschaften der Gleit- und Rollenlager.
**Schröter:** Untersuchung einer Tandem Verbundmaschine von 1000 PS.
**Austin:** Ueber den Wärmedurchgang durch Heizflächen.

## Heft 8. vergriffen.
**Langen:** Untersuchungen über die Drücke, welche bei Explosionen von Wasserstoff und Kohlenoxyd in geschlossenen Gefäßen auftreten.
**Meyer:** Untersuchungen am Gasmotor.

## Heft 9. vergriffen.
**Lasche:** Die Reibungsverhältnisse in Lagern mit hoher Umfangsgeschwindigkeit.
**Dittenberger:** Ueber die Ausdehnung von Eisen, Kupfer, Aluminium, Messing und Bronze in hoher Temperatur.
**Bach:** Die Elastizitäts- und Festigkeitseigenschaften der Eisensorten, für welche nach dem vorhergehenden Aufsatz die Ausdehnung durch die Wärme ermittelt worden ist.
—, Versuche zur Klarstellung der Verschwächung zylindrischer Gefäße durch den Mannlochausschnitt.

## Heft 10.
**Günther:** Verfahren zur Gewinnung von Kupfer und Nickel aus kupfer- und nickelhaltigen Magnetkiesen.
**Grübler:** Versuche über die Festigkeit von Schmirgel- und Karborundumscheiben.
**Klein:** Reibungsziffern für Holz und Eisen.

## Heft 11.
**Schmidt:** Untersuchungen über die Umlaufbewegung hydrometrischer Flügel.
**Bach** und **Roser:** Untersuchung eines dreigängigen Schneckengetriebes.
**Frank:** Neuere Ermittlungen über die Widerstände der Lokomotiven und Bahnzüge mit besonderer Berücksichtigung großer Fahrgeschwindigkeiten.
**Bach:** Abhängigkeit der Wirksamkeit des Oelabscheiders von der Beschaffenheit des den Dampfzylindern zugeführten Oeles.

## Heft 12. vergriffen.
**Lewicki:** Die Anwendung hoher Ueberhitzung beim Betrieb von Dampfturbinen.

## Heft 13.
**Grießmann:** Beitrag zur Frage der Erzeugungswärme des überhitzten Wasserdampfes und sein Verhalten in der Nähe der Kondensationsgrenze.
**Diegel:** Der Einfluß von Ungleichmäßigkeiten im Querschnitte des prismatischen Teiles eines Probestabes auf die Ergebnisse der Zugprüfung.
**Schimanek:** Versuche mit Verbrennungsmotoren.
**Stribeck:** Der Warmzerreißversuch von langer Dauer. Das Verhalten von Kupfer.

## Heft 14 bis 16. vergriffen.
**Berner:** Die Erzeugung des überhitzten Wasserdampfes.

## Heft 17.
**Meyer:** Versuche an Spiritusmotoren und am Diesel-Motor.
**Pfarr:** Bremsversuche an einer Radialturbine.
**Bach:** Versuche mit Granitquadern zu Brückengelenken

## Heft 18
**Schlesinger:** Die Passungen im Maschinenbau.
**Brauer:** Leistungsversuche an Linde Maschinen.
**Büchner:** Zur Frage der Lavalschen Turbinendüsen.

## Heft 19.
**Schröter** und **Koob:** Untersuchung einer von Van den Kerchove in Gent gebauten Tandemmaschine von 250 PS.
**Gutermuth:** Versuche über den Ausfluß des Wasserdampfes.
—, Die Abmessungen der Steuerkanäle der Dampfmaschinen.
**Strahl:** Vergleichende Versuche mit gesättigtem und mäßig überhitztem Dampf an Lokomotiven.

## Heft 20.
**Bach:** Versuche mit Sandsteinquadern zu Brückengelenken.
**Stahl:** Untersuchung des Auslaufweges elektrischer Aufzüge.

## Heft 21.
**Berner:** Die Fortleitung des überhitzten Wasserdampfes
**Knoblauch, Linde, Klebe:** Die thermischen Eigenschaften des gesättigten und des überhitzten Wasserdampfes zwischen 100° und 180° C. I. Teil.
**Linde:** Die thermischen Eigenschaften des gesättigten und des überhitzten Wasserdampfes zwischen 100° und 180° C. II. Teil.
**Lorenz:** Die spezifische Wärme des überhitzten Wasserdampfes.

## Heft 22.
**Bach:** Versuche über den Gleitwiderstand einbetonierten Eisens.
**Klein:** Ueber freigehende Pumpenventile.
**Fuchs:** Der Wärmeübergang und seine Verschiedenheiten innerhalb einer Dampfkesselheizfläche.

## Heft 23.
**Baum** und **Hoffmann:** Versuche an Wasserhaltungen (Dampfwasserhaltung der Zeche Victor, hydraulische Wasserhaltung der Zeche Dannenbaum, Schacht II, und elektrische Wasserhaltungen der Zechen Victor, A. von Hansemann und Mansfeld).

# Mitteilungen

über

# Forschungsarbeiten

auf dem Gebiete des Ingenieurwesens

insbesondere aus den Laboratorien
der technischen Hochschulen

herausgegeben vom

Verein deutscher Ingenieure.

**Heft 88.**

Springer-Verlag Berlin Heidelberg GmbH

ISBN 978-3-662-01764-7       ISBN 978-3-662-02059-3 (eBook)
DOI 10.1007/978-3-662-02059-3

# Inhalt.

Seite
Optischer Interferenzindikator. Von J. Kirner . . . . . . . . . . . . . . 1

# Optischer Interferenzindikator.

**Untersuchung über das selbsttätige Aufzeichnen des zeitlichen Verlaufes sich sehr schnell ändernder und sehr hoch ansteigender Drücke, im besonderen des Gasdruckes beim Schuß.**

Von Dr.-Ing. **J. Kirner,** Stuttgart.

## Einleitung.

Die vorliegende Arbeit verdankt ihre Entstehung dem Bestreben, einem bei ballistischen Untersuchungen unangenehm empfundenen Mangel abzuhelfen.

Als Ingenieur der Zentralstelle für wissenschaftlich-technische Untersuchungen in Neubabelsberg hatte ich von dem Leiter der physikalisch-metallurgischen Abteilung dieser Anstalt, Hrn. Prof. Dr.-Ing. R. Stribeck den Auftrag erhalten, nach angegebenen Gesichtspunkten eine Vorrichtung zum Ermitteln des beim Gewehrschuß auftretenden höchsten Gasdruckes zu entwerfen.

Bei den Versuchen mit diesem Gerät hatte es sich gezeigt, daß es zur Berechnung der anzubringenden Berichtigungen notwendig ist, den auftretenden Gasdruck in seinem zeitlichen Verlauf wenigstens teilweise zu kennen, wenn man nicht rein auf Vermutung gegründete Verhältnisse annehmen will.

Auf Grund dieser Erkenntnis habe ich mir selbst die Aufgabe gestellt, ein einfaches und sicheres Verfahren für die selbsttätige Aufzeichnung des zeitlichen Verlaufes des Gasdruckes ausfindig zu machen.

Die genaue Kenntnis des Druckverlaufes ist nicht nur zur Ermittlung des Höchstdruckes, sondern überhaupt allgemein von großer Wichtigkeit, um auf die Ausnutzung des Pulvers, die Beanspruchung der Waffe und die Wirkung der konstruktiven Ausbildung von Munition und Waffe Rückschlüsse ziehen zu können. Kurz gesagt, man darf sich von dem »Indizieren einer Schußwaffe« ähnliche Vorteile versprechen, wie z. B. vom Indizieren einer Dampfmaschine.

Eine befriedigende Lösung der vorgenannten Aufgabe wird durch verschiedene eigenartige Umstände erschwert, und zwar:

1) durch den sehr schnellen Verlauf der Druckänderungen,
2) durch die große Höhe der auftretenden Drücke, die bei der neuen Ladung des deutschen Infanteriegewehres, der sogenannten $S$-Munition, etwa 3200 at beträgt,
3) durch die hohen Verbrennungstemperaturen,
4) durch die Kleinheit des Verbrennungsraumes, die es nicht zuläßt, größere Wege oder Querschnitte des Indikatorkolbens zu verwenden, ohne damit die Verbrennungsverhältnisse wesentlich zu ändern.

Unter Berücksichtigung der genannten Schwierigkeiten habe ich einen Indikator entworfen, der es ermöglichen soll, den Verlauf des Gasdruckes mit genügender Genauigkeit zu ermitteln.

Nachdem die Vorrichtung unter meiner Leitung ausgeführt war, stellte ich damit eine Anzahl Versuche an, soweit es mir meine infolge Stellungwechsels beschränkte Zeit erlaubte.

Im Nachfolgenden soll die Herstellung des neuen Indikators sowie seine theoretische und experimentelle Untersuchung beschrieben und seine Bedeutung für die Technik erörtert werden.

### Vorgang beim Schuß.

Stellt man den zeitlichen Verlauf des Gasdruckes beim Schuß in Schaulinien dar, so besitzen diese mutmaßlich den allgemeinen Charakter der in Fig. 1 mit $P_1$ und $P_2$ bezeichneten Linien.

Der Gasdruck steigt zuerst rasch nach einer gegen die Abszissenachse konvexen Linie an, denn einerseits bewegt sich das Geschoß noch sehr wenig, anderseits verbrennt das Pulver um so schneller, je höher der Druck und die Temperatur ist. Dies gilt etwa für die Strecken $Oa_1$ und $Oa_2$.

Nach einiger Zeit wird sich die Vergrößerung des Verbrennungsraumes und das Beendigen des Verbrennungsvorganges bemerkbar machen. In der Gasdrucklinie tritt ein Wendepunkt $a_1$ bezw. $a_2$ auf und in $b_1$ bezw. $b_2$ erreicht der Gasdruck seinen höchsten Wert, um wieder stetig nach einer hyperbelähnlichen Linie abzunehmen. In dem Augenblick, wo das Geschoß den Lauf verläßt, beginnt sich die Expansion der Gase schnell zu vollziehen.

Weil ich späterhin auf die bekannten allgemeinen Bewegungsgleichungen Bezug zu nehmen habe, stelle ich sie gleich zu Beginn zusammen. Mit Rücksicht auf die folgenden Ableitungen sehe ich als Koordinatenursprung in Fig. 1 nicht den Zeitpunkt der Zündung an, sondern den Zeitpunkt, wo der Gasdruck

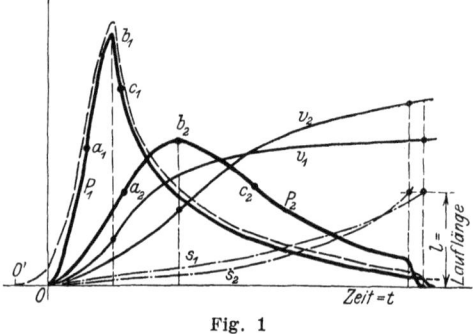

Fig. 1

der Geschoßreibung gleichkommt, d. h. wo das Geschoß nach vorn beschleunigt zu werden beginnt. Der tatsächliche Gasdruck verläuft also nach der für $P_1$ eingezeichneten feingestrichelten Linie, seine Ordinaten sind um die Geschoßreibung höher als die für die Geschoßbeschleunigung in Frage kommenden Drücke $P_1$ bezw. $P_2$.

Unter »Geschoßreibung« sind hierbei alle Kräfte zu verstehen, die dem Geschosse beim Durcheilen des Laufes in Richtung der Laufachse entgegenwirken. Diese in weiterem Sinne gebrauchte Geschoßreibung setzt sich zusammen aus der Massenwirkung der vor dem Geschoß befindlichen Luftsäule, aus dem Druck, der im Anfang der Geschoßbewegung zum Einpressen des

Geschosses in die Züge notwendig ist, aus der gleitenden Reibung des Geschosses an den Laufwandungen und aus der Kraft, die verbraucht wird, um dem Geschoß durch den Drall eine hohe Umlaufgeschwindigkeit zu verleihen. Der letztgenannte Betrag ist proportional der Geschoßbeschleunigung und läßt sich auf Grund folgender Erwägung ermitteln.

Nimmt man der Einfachheit wegen an, das Geschoß bestehe aus einem homogenen Zylinder (in Wirklichkeit ist es vorn zugespitzt und besteht ja meist aus zweierlei Teilen), dann ist die auf den Geschoßumfang bezogene Masse gleich der halben Geschoßmasse. Da bei dem deutschen Militärgewehr auf $l_a = 0{,}75$ m der Lauflänge der Drall etwa 3 Umdrehungen ausmacht, so erhält man auf diese Länge einen Weg des Geschoßumfanges (in tangentialer Richtung), wenn der Geschoßdurchmesser 8 mm beträgt, von $l_t = 3 \cdot 8\,\pi$ mm $= 0{,}075$ m.

Weil für einen Punkt der Geschoßoberfläche in jedem Augenblick das Verhältnis der Beschleunigungen in tangentialer und in axialer Richtung dem Verhältnis $l_t : l_a = \frac{0{,}075}{0{,}75} = 0{,}1$ entspricht, ist die in der Umlaufgeschwindigkeit des Geschosses aufgespeicherte Energie unter Berücksichtigung der reduzierten Masse etwa $1/20$ von der Energie, welche in der Bahngeschwindigkeit des Geschosses enthalten ist.

Bedeutet:

$p$ die Geschoßbeschleunigung in m/sk$^2$,

$P$ den auf den Geschoßboden wirkenden Gasdruck in kg,

$R$ die Geschoßreibung in kg,

$m$ die Masse des Geschosses in kg,

so lautet die Beziehung zwischen dem Gasdruck und der Geschoßbeschleunigung:

$$p = \frac{P-R}{m}.$$

Die Linien der Geschwindigkeiten $v_1$ und $v_2$ ergeben sich als Intregallinien der Beschleunigungslinien aus der Gleichung

$$p = \frac{dv}{dt}$$

bezw.

$$v = \int_0^t p\,dt$$

Die Linien $s_1$ und $s_2$ für den vom Geschoß zurückgelegten Weg ergeben sich als Integrallinien der Geschwindigkeitslinien entsprechend der Beziehung

$$v = \frac{ds}{dt}$$

zu

$$s = \int_0^t v\,dt.$$

Aus dem Diagramm ersieht man, daß unter besonderen Umständen ein langsam brennendes Pulver mit einer Drucklinie $P_2$ einem brisanteren nicht nur hinsichtlich der Beanspruchung der Waffe, sondern auch in bezug auf die zu erzielende Geschoßgeschwindigkeit überlegen sein kann.

Man vermag diese höhere Leistung des langsamer brennenden Pulvers dadurch zu erhalten, daß man eine stärkere Ladung verwendet. Bei ungefähr gleicher Leistung würde dann natürlich die Ausnutzung eines solchen Pulvers weit weniger gut, weil der Endgasdruck höher ist.

Bei einem noch brisanteren Pulver als dem mit der Gasdrucklinie $P_1$, d. h. einem Sprengstoff, würde die $P$-Linie derart steil ansteigen, daß die Waffe zum

Zerspringen gebracht würde, bevor noch das Geschoß einen größeren Weg zurückgelegt hat.

Ermittelt man zu den Geschoßwegen $s_1 = l$, $s_2 = l$ ($l$ sei die Lauflänge) die zugehörigen Abszissen, so stellen diese die Zeiten dar, die das Geschoß zum Durcheilen des Laufes braucht. Außerdem stellen die den genannten Abszissen als Ordinaten entsprechenden Geschoßgeschwindigkeiten und Gasdrücke diejenigen Geschwindigkeiten und Gasdrücke dar, die beim Austritt des Geschosses aus dem Lauf vorhanden sind.

### Bisherige Verfahren zur Erlangung der Gasdrucklinie.

In den meisten Fällen begnügt man sich mit der Feststellung des Höchstwertes des Gasdruckes.

Hierzu wird in der Praxis am häufigsten der Kupferquetschkörper (crusher) und seltener der Rodmannsche Schnittmesser verwendet. Bei diesen Geräten wird der Pulverraum angebohrt und durch einen eingeschliffenen Stempel verschlossen, der seinerseits einen Kupferzylinder zusammendrückt oder ein Messer in eine Kupferplatte treibt. Die Zusammendrückung des Kupferzylinders und die Länge des Messerschnittes geben ein Maß für den aufgetretenen Höchstgasdruck.

Holden in Woolwich läßt den Stempel auf eine kräftige Feder wirken und mißt den Größtwert der hierbei auftretenden federnden Zusammendrückung (siehe Arms and Explosives 1899 S. 96).

Die Wirkungsweise dieser Meßgeräte dürfte am besten aus Fig. 29, S. 42, zu ersehen sein. Bei der dort wiedergegebenen Anordnung steht der Stempel $D$ unmittelbar mit dem darüber befindlichen Pulverraum in Verbindung und überträgt den Gasdruck durch das Plättchen $F$ auf den mit $K$ bezeichneten Kupferzylinder. Bei dem Rodmann-Apparat befindet sich an Stelle des Kupferzylinders das erwähnte Messer.

Da hierbei Zusammendrückungen und somit auch Stempelwege bis zu 2 mm vorkommen, hat man mit beträchtlichen Fehlerquellen zu rechnen, einerseits infolge der Massenwirkung des Stempels, anderseits infolge der Vergrößerung des Verbrennungsraumes, abgesehen davon, daß die statische Eichung der Kupferzylinder usw. bei der notwendigen langen Belastungsdauer bedenklich ist.

Die Vorrichtungen zur Ermittelung der Drucklinie bestehen meist in einer Vorrichtung zum Aufzeichnen des Rücklaufes, d. h. der Ermittlung der $s$-Linie (siehe Fig. 1), aus der durch doppelte Differenzierung die Drucklinie erhalten wird. Ueber die Reibung weiß man damit aber noch nichts. Die Werte, die man für die Geschoßreibung durch statische Versuche erhält, dürften den beim Schuß auftretenden nicht genau entsprechen, weil man diese Versuche durchaus nicht unter den Verhältnissen ausführen kann, unter denen sich das Geschoß beim Schuß durch den Lauf bewegt. Man könnte wohl das Geschoß zusammendrücken, es ist aber nicht möglich, auf das Geschoß einen vom Geschoßboden gegen die Spitze zu allmählich abnehmenden Druck auszuüben, wie ihn der Pulverdruck gegenüber der Geschoßmasse erzeugt. Weiterhin machen die Fliehkraft, die hohen Temperaturen und die Wirkung der dem Geschoß vorauseilenden Pulvergase die Verhältnisse sehr verwickelt.

Wie groß die Ausschläge sind, die man beim Rücklaufmesser erhält, d. h. die Strecke, um die z. B. ein frei aufgehängtes Gewehr sich bis zu dem Zeitpunkt zurückbewegt, wo das Geschoß eben den Lauf verläßt, ergibt sich aus der Lauflänge und dem gegenseitigen Verhältnis der Massen von Gewehr und Geschoß auf Grund des Satzes aus der technischen Mechanik, wonach der Schwerpunkt eines frei beweglichen Systemes durch die ohne äußere Kräfte erfolgende gegenseitige Lagenveränderung der einzelnen Teile des Systemes nicht verändert wird.

Ueber die Bewegung des Schwerpunktes der Pulvermasse ist eine Annahme zu machen, die ohne weiteres zulässig ist, da sich nichts Wesentliches am Endergebnis ändert, auch wenn sie nicht genau der Wirklichkeit entsprechen sollte.

Ich nehme an, daß das ganz oder teilweise verbrannte Pulver während des Schusses immer gleichmäßig zwischen dem Patronen- und Geschoßboden verteilt ist, d. h. daß der Pulverschwerpunkt in der Mitte zwischen diesen Flächen liegt; die auf den Geschoßboden bezogene Pulvermasse entspricht dann der Hälfte der tatsächlichen Pulvermasse.

Bezeichnet

$s_w$ den Rücklauf der Waffe bis zum Geschoßaustritt,

$s_g$ die Lauflänge $= 750$ mm,

$m_w$ die Masse des Gewehres $= \frac{1}{g} 3000$ g,

$m_g'$ die Masse des Geschosses, vermehrt um die halbe Pulvermasse,
$= \frac{1}{g}(10 + 1{,}5)$ g,

so gilt im Augenblick des Geschoßaustrittes, weil das Geschoß bis dahin absolut den Weg $s_g - s_w$ zurücklegt, die Momentengleichung:

$$(s_g - s_w)\, m_g' = s_w\, m_w.$$

Man erhält also für den Rücklauf der Waffe

$$s_w = s_g \frac{m_g'}{m_w + m_g'} = 750\, \frac{11{,}5}{3000 + 11{,}5} = 2{,}9 \text{ mm}.$$

Daß man auf dem geschilderten Wege, d. h. beim Differenzieren eines Diagrammes von 2,9 mm Höhe, ein mit groben Ungenauigkeiten behaftetes Ergebnis erhält, liegt auf der Hand.

Die Abszissen, die hierbei der Zeit entsprechen, werden dadurch erhalten, daß man entweder auf einer berußten, sich schnell drehenden Trommel mit Hülfe eines mit der Waffe verbundenen Stiftes oder mit Hülfe einer Stimmgabel auf einer an der Waffe befestigten berußten Scheibe schreibt. (Siehe Heydenreich, Die Lehre vom Schuß, S. 24, und Hirsch, Kriegstechnische Zeitschrift 1906 S. 226.)

Man hat auch schon den Versuch gemacht, die $v$-Linie (siehe Fig. 1) punktweise zu erhalten, indem man den Lauf um ein bestimmtes Stück verkürzte und dann die entsprechende Geschoßgeschwindigkeit ermittelte. Als Abszissen erhält man in diesem Falle jedoch die Geschoßwege.

Zur Untersuchung von Schießpulver wurde auch schon der gewöhnliche Indikator benutzt, und zwar bei dem von Bichel konstruierten sogenannten Brisanzmesser[1]. Die Angaben dieser Vorrichtung geben jedoch kein Bild vom Verlauf des Gasdruckes. Weil der Verbrennungsraum sehr viel größer ist als das Pulvervolumen (sehr geringe Ladedichte), verläuft die Verbrennung anders als bei hoher Ladedichte. Der gewöhnliche Indikator gibt selbst bei Explosionsmotoren kein einwandfreies Diagramm; es müssen vielmehr Berichtigungen angebracht werden, die während der »Explosion« nicht mehr vernachlässigt werden dürfen[2].

---

[1] Siehe Zeitschrift für Berg-, Hütten- und Salinenwesen im preußischen Staate 1902.

[2] E. Meyer, Untersuchungen am Gasmotor, Zeitschrift des Vereines deutscher Ingenieure 1901 S. 1297 uf..

Für schnellaufende Motoren, wie Automobilmotoren, hat sich ein Lichtstrahlindikator mit dem Namen Manograph von E. Hospitalier und Carpentier (Zeitschrift des Vereines deutscher Ingenieure 1902 S. 365) eingeführt, später wurde auch eine abweichende Ausführung von Hopkinson veröffentlicht (Zeitschrift des Vereines deutscher Ingenieure 1907 S. 2040). Wegen ihrer starken Uebersetzung, bei der nur geringe Beschleunigungskräfte auftreten, gestatten diese optischen Meßgeräte eine Anwendung für hohe Umlaufzahlen. Das gleiche Prinzip benutzt J. E. Petavel zum Indizieren des Gasdruckes von Pulver, das in geschlossenen Stahlbehältern (Bomben) abbrennt[1]).

Daß Petavel seine Vorrichtung zum Indizieren des Schusses, d. h. zum Aufzeichnen des zeitlichen Verlaufes vom Gasdruck im Gewehr oder Geschütz verwendet habe, ist in seiner Arbeit nicht erwähnt, es findet sich nur in einer Fußnote (S. 363) der Hinweis, daß Captain Bruce Kingsmill die Vorrichtung zum Indizieren des Schusses zu verwenden »vorschlage«.

Es darf aber wohl angenommen werden, daß die beim Schuß mit Geschoß auftretenden Reaktionskräfte und Erschütterungen der Waffe und ihrer Unteragen die erfolgreiche Verwendung der Petavelschen Vorrichtung in Frage stellen.

### Vorschlag eines neuen Druckmessers.

Bei der Ueberlegung, ob eines und welches der bisher zur Messung sehr kleiner Längenunterschiede angewandten Verfahren für eine Vorrichtung zum Aufzeichnen von sehr raschen Druckänderungen brauchbar sei, erschien mir das Verfahren besonders beachtenswert, bei dem die Newtonschen Interferenzringe verwendet werden.

Die Erscheinung der Newtonschen Farbenringe ist außerdem schon vielfach zu statischen Druckmessungen verwendet worden, aber meines Wissens noch niemals zur Aufzeichnung des zeitlichen Verlaufes von Druckänderungen[2]).

Diese Erscheinung habe ich zu einem Indikator verwendet, und zwar beruht seine Wirkungsweise auf dem Umstand, daß an der Stelle, wo sich zwei Glaslinsen, z. B. $M$ und $N$, Fig. 11, S. 15, berühren, farbige, sogenannte Newtonsche Ringe entstehen, deren Durchmesser zunimmt, wenn die Linsen zusammengedrückt werden, und wieder abnimmt, wenn Entlastung eintritt, eine Folge der Formänderung der belasteten Linsen bezw. der dadurch bedingten Annäherung der zusammengepreßten Linsenoberflächen.

Auf die Linsen wirkt als Belastung unmittelbar der Reaktionsdruck einer Waffe oder der Druck, den ein in den Pulverraum reichender, gasdicht eingeschliffener Stempel ausübt[3]).

Von den zwischen den Linsen um ihre kreisförmige Berührungsfläche entstehenden Newtonschen Ringen wird nur ein nach einem Durchmesser gerichteter schmaler Streifen verwendet und der Rest abgedeckt, so daß an Stelle der Ringe,

---

[1]) Siehe Philosoph. Transactions of the Royal Soc. of London 1905 Series A vol. 205 oder den Auszug im Engineering 1906 S. 429. Diese Arbeit kam dem Verfasser erst zu Gesicht, als das Programm zur vorliegenden Arbeit schon abgeschlossen war und längst nachdem die ersten Versuche mit einem Maximalgasdruckmesser beendigt waren.

[2]) Ueber die Anwendung der Interferenzerscheinung zur Messung elast'scher Dehnungen von Stäben siehe E. Grüneisen, Zeitschrift für Instrumentenkunde 1907 S. 38.

[3]) Der Reaktionsdruck wird vielfach, wenn auch fälschlicherweise, als „Rückstoß" bezeichnet. Stöße treten erst auf, wenn die den „Rückdruck" aufnehmenden Teile sich nicht satt berühren, weil nur in diesem Falle zwei mit verschiedener Geschwindigkeit sich bewegende Oberflächenteile plötzlich, d. h. unter Stoßwirkung, zur Berührung kommen können.

siehe Fig. 2, in der Mitte ein Strich und nach außen eine Reihe von kurzen
Strichen oder Punkten zu beobachten ist, die sich bei Aenderung der Belastung
radial auseinander oder gegeneinander bewegen. Von diesen Punkten gehören
jeweils 2 zusammen, und zwar diejenigen, welche vom selben Ring herrühren,
also von dem Berührungsmittelpunkt der Linsen gleich weit entfernt sind.

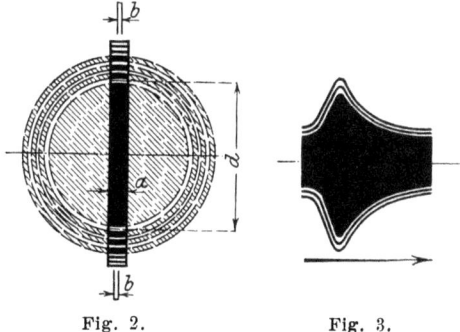

Fig. 2.        Fig. 3.

Diese Punkte oder Striche werden mit Hülfe eines Objektives auf einer
sich rasch drehenden photographischen Platte abgebildet. Aendert sich während
der Aufnahme des Bildes der auf die Linsen ausgeübte Druck, so erhält man
ein Bild von ähnlicher Gestalt, wie in Fig. 3 skizziert.

Die Kurve, Fig. 3, wird erst dadurch scharf, daß man unmittelbar vor
das photographische Negativ eine Zylinderlinse einschaltet, die den hellen
Streifen der Breite $a$, Fig. 2, auf eine Breite $b$ von höchstens $1/4$ mm zusammendrängt.

Der anzuwendende Maßstab kann durch statische Versuche ermittelt
werden. Hat man z. B. beim Eichen unter der Presse als Beziehung zwischen
Zusammendrückung und der Größe des innersten Ringdurchmessers $d$, Fig. 2,

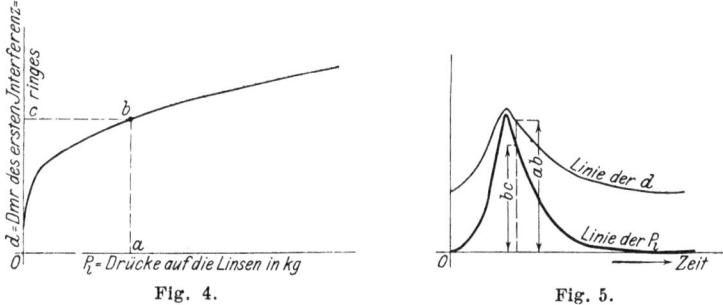

Fig. 4.        Fig. 5.

eine Linie nach Fig. 4 bekommen, dann erhält man in dem Diagramm Fig. 5
die Gasdrucklinie dadurch, daß man für einen beliebigen Wert von $d$ etwa $a$-$b$
aus Fig. 4 den zugehörigen Druck $b$-$c$ entnimmt und in Fig. 5 als Ordinate
einträgt. Man kann natürlich statt des innersten hellen Ringes jeden beliebigen
anderen Ring benützen.

## Die Abmessungen der Linsen.

Ich gehe zunächst von der Annahme aus, daß die beiden sich berührenden Linsenflächen in ihrer Mitte gleiche Krümmungshalbmesser haben und daß
die Krümmung über nahezu die ganze Fläche dieselbe sei, d. h. daß die Linsen
durch Kugelhauben begrenzt seien.

Der Durchmesser des den Gasdruck übertragenden Stempels ist gewöhnlich 10 mm (s. $D$ in Fig. 29 S. 42) und der beim Infanteriegewehr Modell 98 auftretende Höchstgasdruck nach Angabe der Kupferzylinder 3200 at. Man wird aber gut tun, mit einem Druck von 4000 at zu rechnen.

Der auftretende Gesamtdruck ist abhängig von dem in at ausgedrückten Gasdruck und dem Querschnitt des zum Abschluß des Pulverraumes benutzten Stempels.

Der Gesamtdruck erreicht demnach den Höchstwert

$$P_m = \frac{\pi 1^2}{4} 4000 \text{ kg} = 3141{,}6 \text{ kg} = \infty\, 3000 \text{ kg}.$$

Die Druckfestigkeit von Glas ist bei langsamer Be- und Entlastung etwa

$$k = 3000 \text{ kg/qcm}.$$

In Anbetracht des beim Schuß auftretenden sehr schnellen Verlaufes der Belastung, der immerhin zu Stoßwirkungen führen kann, wenn sich die Teile, die den Druck übertragen, vor dem Versuch nicht ganz satt berühren, und des weiteren Uebelstandes, der darin besteht, daß die Auflage der einen Linse mehrere Schlitze besitzen muß, um die photographische Festhaltung der Ringe zu ermöglichen, ist die mittlere Pressung zu etwa

$$k = 150 \text{ kg/qcm}$$

anzunehmen[1]). Es wird dann eine Berührungsfläche von 3000 : 150 = 20 qcm erforderlich sein, entsprechend einem Durchmesser von 52 mm. Da der innerste dunkle Newtonsche Ring einen größeren Durchmesser hat als die Berührungsfläche, wählte ich den Linsendurchmesser zu

$$D = 70 \text{ mm}.$$

Nach der von Hertz aufgestellten Beziehung (siehe Bach, Elastizität und Festigkeit, 5. Auflage S. 173) ist die Größe des Halbmessers der Druckfläche zweier sich berührender Kugeln:

$$\tfrac{1}{2} d_d = \sqrt[3]{\tfrac{3}{4} P \frac{\alpha_1 \left(1 - \frac{1}{m_1^2}\right) - \alpha_2 \left(1 - \frac{1}{m_2^2}\right)}{\frac{1}{r_1} + \frac{1}{r_2}}},$$

worin

$P$ den zwischen den beiden Kugeln wirkenden Druck,

$r_1, r_2$ die Halbmesser der beiden Kugeln,

$\alpha_1, \alpha_2$ die Dehnungskoeffizienten der Stoffe bedeuten, aus denen die Kugeln bestehen,

$m_1, m_2$ die Zahlen bedeutet, welche das Verhältnis der Längsdehnung zur Querzusammenziehung bei diesen Stoffen darstellen.

Für den Fall, daß es sich um Kugeln gleicher Größe und gleichen Stoffes handelt, erhält man für den Durchmesser $d_d$ der Druckfläche folgenden Wert, wenn man setzt:

$$\alpha_1 = \alpha_2 = \alpha$$
$$m_1 = m_2 = m$$
$$r_1 = r_2 = r$$
$$d_d = \sqrt[3]{6\, \alpha\, r\, P \left(1 - \frac{1}{m^2}\right)}.$$

---

[1]) Die hier angegebene mittlere Pressung ist kleiner als die in der Mitte auftretende höchste Pressung. Der Druck nimmt von der Mitte der Druckfläche nach dem Rande zu ab. Nach Hertz ist die „mittlere Pressung" gleich $^2/_3$ der Höchstpressung.

Für den Krümmungshalbmesser $r$ erhält man mit

$P = 3000$ kg

$d_d = 5{,}2$ cm

$\alpha = \dfrac{1}{780\,000}$ (für härteres Glas, nach Landolt und Börnstein)

$\dfrac{1}{m} = 0{,}32$ (nach Wertheim; siehe H. Hertz, Ueber die Härte)

$1 - \dfrac{1}{m^2} = 1 - 0{,}1 = 0{,}9$

$r = \dfrac{d_d{}^3}{6\,\alpha\,P\left(1-\dfrac{1}{m^2}\right)} = \dfrac{140{,}608 \cdot 780\,000}{6 \cdot 3000 \cdot 0{,}9} = 67{,}8$ m.

Es handelt sich jetzt darum, festzustellen, ob sich bei $r = \infty$ 70 m die Erscheinung der Newtonschen Ringe gut zeigt.

Es ist in Fig. 6 $\angle CAB = \angle EBD$. Die rechtwinkligen Dreiecke $ABC$ und $BED$ sind daher ähnlich.

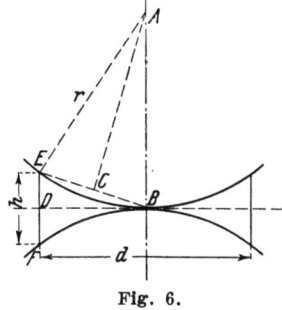

Fig. 6.

Ist $d$ gegenüber $r$ sehr klein (unter $d$ verstehe ich den Durchmesser des ersten hellen Newtonschen Ringes), so kann man setzen:

$$BC = \frac{d}{4}, \text{ d. h. } EB = \frac{d}{2}.$$

Mit $h = 2\,ED$ folgt aus $\dfrac{ED}{EB} = \dfrac{BC}{BA} = \dfrac{d}{4} : r$

$$ED = \dfrac{\dfrac{d}{4}}{r} \cdot \dfrac{d}{2} = \dfrac{d^2}{8\,r}$$

und damit erhält man die bekannte Beziehung

$$h = \frac{d^2}{4\,r}.$$

Der innerste helle Ring entspricht einer Dicke der Luftschicht von $h = 0{,}00013$ mm[1]). Mit diesem Wert für $h$ und mit $r = 70\,000$ mm wird der Durchmesser des innersten hellen Ringes:

$$d = \sqrt{4\,r\,h} = \sqrt{4 \cdot 70\,000 \cdot 0{,}00013} = 6{,}04 \text{ mm}.$$

Wenn der innerste helle Ring im unbelasteten Zustand des Glases einen Durchmesser von 6,04 mm hat, dann darf man erwarten, daß die Farbenringe ziemlich dicht aufeinander folgen und deshalb auch ziemlich scharf erscheinen, und weiterhin, daß der Durchmesser dieses innersten Ringes bei stärkerer Zusammendrückung um einen geringeren Betrag wie 6 mm größer sein wird, als

---

[1]) Siehe Kohlrausch, Lehrbuch der praktischen Physik.

der Durchmesser der hierbei auftretenden Berührungsfläche, weil in diesem Falle der Uebergang von der ebenen Berührungsfläche zur undeformierten Kugeloberfläche schroffer ist. Man erhält also für den innersten Farbenring einen größten Durchmesser von etwa 60 mm und damit einen größten Unterschied der Durchmesser von etwa 50 mm.

Das Ergebnis der im vorliegenden Abschnitt angestellten Untersuchungen ist demnach, daß der bei dem gebräuchlichen Stempeldurchmesser von 10 mm mit Rücksicht auf die höchste zulässige Druckspannung ermittelte Krümmungshalbmesser $r$ der Glaslinsen nicht nur hinsichtlich der Diagrammhöhe sondern auch in bezug auf die Linienschärfe günstige Verhältnisse ergibt.

### Die photographische Festhaltung des Diagrammes. Allgemeines über die Lichtführung.

Nach den von Hirsch veröffentlichten Arbeiten des Militärversuchsamtes beträgt bei dem Gewehr Modell 88 mit etwa 640 m/sk Anfangsgeschwindigkeit die Zeit, die das Geschoß zum Durcheilen des Laufes braucht, ungefähr 0,0018 sk. Bei dem Spitzgeschoß mit 860 m/sk Anfangsgeschwindigkeit wird man mit einer Dauer von etwa

$$t_m = 0{,}00135 \text{ sk}$$

rechnen dürfen[1]).

Soll das Diagramm Fig. 5 150 mm lang werden, dann hat man der photographischen Platte in der Richtung des Pfeiles Fig. 3 eine Geschwindigkeit zu erteilen von

$$v_f = \frac{0{,}150}{0{,}00135} = 110 \text{ m/sk.}$$

Es entspricht dies bei einem Durchmesser der als Scheibe oder Trommel ausgebildeten photographischen Platte von 250 mm einer Umlaufzahl von

$$n_f = \frac{110}{\pi \, 0{,}25} \times 60 = \infty \, 8400 \text{ Uml./min.}$$

Es handelt sich nun zunächst um die Klärung der zwei Fragen:

Reicht die Lichtmenge der stärksten gebräuchlichen Bogenlampe überhaupt aus, um bei der gefundenen hohen Geschwindigkeit auf das photographische Negativ, im vorliegenden Falle einen Planfilm, eine genügende Wirkung zu äußern, d. h. ein Diagramm aufzuzeichnen?

Zweitens, wie ist bei der notwendigen kurzen Belichtungsdauer der Verschluß zu konstruieren, wenn er die Auslösung des Schusses genau in dem Augenblick bewirken soll, wo der Verschluß eben geöffnet hat?

Frage der Belichtung. Es ist im Interesse der Helligkeit erwünscht, den Schlitz der Blende, d. h. $a$ in Fig. 2 möglichst breit zu machen; es steht dem aber der Nachteil entgegen, daß man damit die Schärfe der durch die Zylinderlinse zusammengedrängten Ringe verschlechtert, weil die zum Messen benutzten hellen und dunklen Streifen, zumal gegen die Mitte des Bildes eine beträchtliche Krümmung aufweisen und somit durch die Zylinderlinse mehr oder weniger verwischt werden. Ich wählte unter Erwägung der genannten Gesichtspunkte die Schlitzbreite zu 4 mm. Die Zwischenschaltung der Zylinderlinse bewirkt hinsichtlich der einem Oberflächenteil zugeführten Lichtmenge keine

---

[1]) Siehe Kriegstechnische Zeitschrift 1906 S. 226.

Aenderung, abgesehen von dem Lichtverlust, der durch Reflexion an den beiden Linsenflächen und durch die Absorption im Glase entsteht, weil in demselben Verhältnis, in dem die Oberflächenteile der Platte dem Lichtbündel kürzer ausgesetzt sind, die Lichtintensität verstärkt wird.

Bei einer Schlitzbreite von 4 mm wird ein durch den beleuchteten Raum sich bewegender Punkt des Films solange belichtet, als er zum Zurücklegen der Strecke von 4 mm braucht.

Bei einer Filmgeschwindigkeit von 110 m = 110 000 mm ist die Belichtungsdauer $t_l$

$$t_l = \frac{4}{110\,000} = \frac{1}{27\,500} \text{ sk.}$$

Trotz der vielen Einbußen, die das Bogenlampenlicht beim Passieren der vielen Glasoberflächen und vor allem dadurch erleidet, daß es sich an der Berührungsfläche der die Newtonschen Ringe erzeugenden Hauptlinsen an einer Glasfläche spiegelt, wobei der Lichtverlust etwa 96 vH beträgt, ist diese Belichtungsdauer nicht übermäßig gering.

Um später darauf Bezug nehmen zu können, möchte ich zunächst die Lichtführung im allgemeinen beschreiben.

### Allgemeines über die Lichtführung.

Der Strahlengang ist in Fig. 7 schematisch dargestellt. Das Licht der Bogenlampe $BL$ eines Zeißschen mikrophotographischen Apparates von 20 Amp Stromstärke bei 44 V Spannung wird durch eine Sammellinse $S$ parallel gerichtet, durch eine Zylinderlinse $Z_1$ auf eine schmale Brennlinie vereinigt und dann wieder durch eine Zylinderlinse $Z_2$ parallel gerichtet. Das Licht geht durch den später eingehend beschriebenen Verschluß $V$ in den ebenfalls später zu erörternden Druckmeßapparat $M$ und wird durch ein photographisches Objektiv $O$, vor dem sich ein von Hand abnehmbarer Verschlußdeckel $D$ befindet, auf die mit einem Film bespannte sich drehende Messingscheibe $F$ geworfen. Vor der Scheibe befindet sich eine Zylinderlinse $Z_3$ von möglichst geringer Brennweite; sie bewirkt, daß auf dem Film ein auf eine scharfe Linie zusammengedrängtes Bild der Newtonschen Ringabschnitte entsteht. Wird der Film, ohne daß geschossen wird, bewegt und belichtet, so erhält man ein Bild entsprechend Fig. 8. Der breite dunkle Streifen wird durch die Mitte der Linsenberührungsfläche erzeugt. Die in gleichem Abstand nach außen und innen liegenden schmalen Ringe werden durch die zusammengehörigen Abschnitte der weiter außen liegenden Farbenringe gebildet (vergl. Fig. 2 und 3).

Es ist folgende überschlägige rechnerische Untersuchung für die Beurteilung der optischen Verhältnisse von Bedeutung:

Bei der ersten Sammellinse $S$, Fig. 7, beträgt die mittlere Flächenhelligkeit unter Berücksichtigung der Entfernung des Lichtbogens von $S$ gleich 12 cm und der Stromstärke von 20 Amp etwa

$$260\,000 \text{ Lux[1]}.$$

---

[1] Nach G. Benischke, Elektrotechnik in Einzeldarstellungen, Bd. 8, Lichtstrahlung und Beleuchtung findet sich S. 33 für eine Gleichstrombogenlampe von 20 Amp Stromstärke als mittlere hemisphärische Lichtstärke 2660 HK. Aus der Zahlentafel S. 20 kann man entnehmen, daß einer mittleren hemisphärischen Lichtstärke von 635 HK eine maximale Lichtstärke von 890 HK entspricht. Man kann für einen Abstand von 0,12 m demnach etwa

$$\frac{2660 \cdot 890}{635 \cdot 0{,}12^2} \text{ Lux} = 260\,000 \text{ Lux}$$

als Maximalintensität annehmen.

Beim Durchgang durch Linsen gehen durch Absorption und Reflexion etwa 10 vH verloren[1]).

Es darf also bei den vorgesehenen 8 Linsen- und 2 Spiegelflächen angenommen werden, daß dieser Verlust achtmal eintritt. Es bleiben daher aus diesem Grunde nur

$$0{,}9^8 \times 100 = \infty\ 43\ \text{vH}$$

des Bogenlampenlichtes übrig.

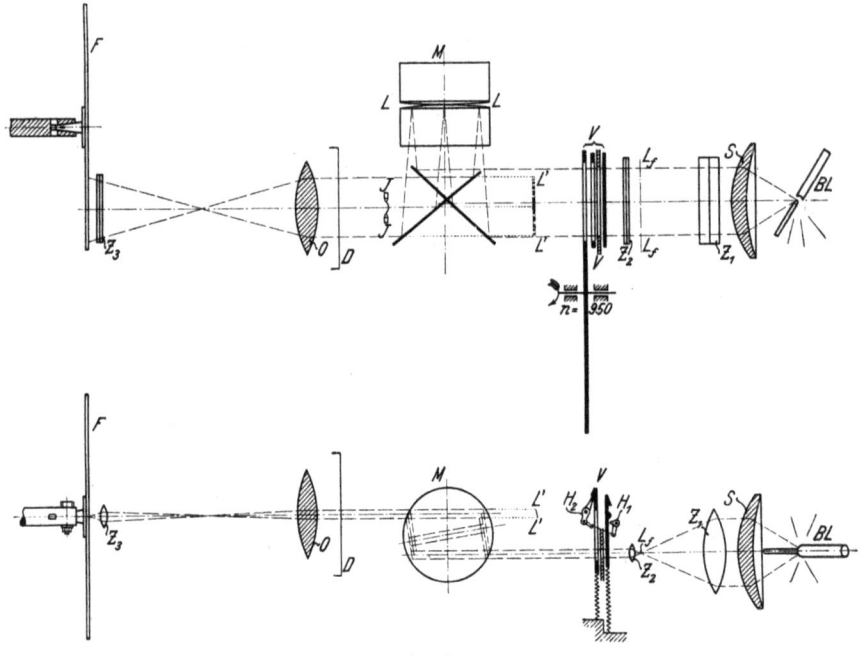

Fig. 7.

Bei der Reflexion an den Glasoberflächen, welche die Newtonschen Ringe erzeugen, wird im allgemeinen nur $1/25$ des Lichtes zurückgeworfen, in den hellen Ringen jedoch $2 \times 1/25$, weil sich hier das an der hinteren Fläche der vorderen Linse und das an der vorderen Fläche der hinteren Linse reflektierte Licht vereinigt[2]). Nimmt man an, es gehe von der einmal gefaßten Lichtmenge aus andern als den angegebenen Ursachen nichts verloren, dann kann man

Fig. 8.

sagen, daß die durchschnittlichen oder mittleren Intensitäten umgekehrt proportional den der Lichtmenge gegebenen Querschnitten und damit auch umgekehrt proportional den Vergrößerungen seien. Wird durch die Zylinderlinsen $Z_1$, $Z_2$ das gefaßte Lichtbündel auf $1/10$ seines Querschnittes zusammengedrängt, dann

---

[1]) Vergl. die Angabe von Dr. E. Englisch Photogr. Comp. S. 44.
[2]) Siehe Kohlrausch, Lehrbuch für praktische Physik 1905 S. 337.

wächst die Intensität auf ihr Zehnfaches. Wegen der Einbußen sinkt sie auf das $2 \cdot {}^1/_{25} \cdot 0{,}43$ fache. Sieht man von der Zylinderlinse $Z_3$ vollständig ab, dann hat man in der photographischen Schicht eine Lichtintensität von

$$10 \cdot 2 \cdot {}^1/_{25} \cdot 0{,}43 \cdot 260000 = 90000 \text{ Lux.}$$

Die Zahl der Sekundenlux ist bei einer Belichtungsdauer von $^1/_{27500}$ sk

$$90000 \cdot \frac{1}{27500} = 3{,}3 \text{ Sekundenlux.}$$

Der gewöhnliche Planfilm der Aktiengesellschaft für Anilinfabrikation (Agfa) in Berlin besitzt nach Angabe der Firma eine Empfindlichkeit von etwa 16° bis 17° Scheiner, d. h. es müssen diesem Film, um überhaupt einen Eindruck hervorzurufen, mindestens 0,03 Sekundenlux zugeführt werden[1]).

Man darf demnach auf ein Bild rechnen, das noch nicht verstärkt zu werden braucht, selbst wenn die von Benischke veröffentlichten und der vorliegenden Rechnung zugrunde gelegten Angaben über die Lichtstärke nicht genau mit den tatsächlichen Verhältnissen übereinstimmen sollten, was nicht ausgeschlossen ist.

Frage des Verschlusses: Um nicht mehrere Linienbänder aufeinander fallen zu lassen, hat man, wenn auch nicht unbedingt, so doch mit Rücksicht auf die Deutlichkeit des Bildes, den Verschluß nur während der Zeitdauer einer einmaligen Filmumdrehung zu öffnen. Bei 9200 minutlichen Umdrehungen ist die Dauer einer Umdrehung

$$^1/_{8400} \times 60 = {}^1/_{140} \text{ sk.}$$

Das Oeffnen und Schließen muß durch 2 schnell vor dem Apparat vorbeigleitende Kanten bewirkt werden, die an einem Blech, wie in Fig. 9 angenommen, oder an 2 getrennten Blechen vorhanden sein können.

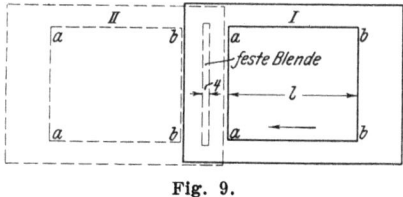

Fig. 9.

Die öffnende Kante ist mit $a-a$, die schließende mit $b-b$ bezeichnet. Die Länge des Schlitzes $l$ darf nicht beliebig klein und etwa dafür die Geschwindigkeit des Bleches langsamer genommen werden. Denn in der Zeit, in der die Kante $a-a$ vor dem Schlitz von 4 mm vorbeigleitet, steigt die auf das Negativ wirkende Lichtmenge stetig bis zu ihrem Höchstwert an. So lange das Blech die Strecke von $l - 4$ mm zurücklegt, ist der Schlitz voll belichtet. Hierauf folgt die der Oeffnungsperiode entsprechende Schließperiode.

Verlange ich z. B., daß die Oeffnungs- und Schließperiode zusammen nur den zehnten Teil der gesamten Belichtungszeit ausmachen sollen, dann muß $l$ mindestens $10 \times (4 + 4) = 80$ mm lang werden. Ich wählte $l = 90$ mm und erhalte damit eine Geschwindigkeit von

$$90 : {}^1/_{140} \text{ mm/sk} = 12{,}6 \text{ m/sk.}$$

Diese Geschwindigkeit erzielt man am besten, indem man vor dem Apparat eine mit einem 90 mm langen Schlitz versehene Scheibe sich drehen läßt.

---

[1]) Siehe E. Englisch, L. c. S. 43.

Bei einem Durchmesser der Schlitzmitte von 360 mm wird die minutliche Umlaufzahl

$$\frac{12,6}{\pi\, 0,36} \times 60 = 667 \text{ Uml./min.}$$

Diese Scheibe allein kann jedoch nicht als Verschluß dienen, da sie bei jeder Umdrehung einmal öffnet und schließt. Es ist deshalb vor dem Apparat noch ein weiterer Verschluß anzubringen, der eine Oeffnungszeit besitzt, die etwa einer einzigen Umdrehung der Verschlußscheibe entspricht.

Man braucht demnach einen zweiten Verschluß mit einer Oeffnungszeit von

$$t_0 = {}^1\!/_{667} \times 60 = {}^1\!/_{11} \text{ sk.}$$

Der Verschluß ist in dieser Zweiteilung leicht auszuführen und gewährt außerdem sehr bequem die Möglichkeit, die Zündung durch Kontakte, die auf der Verschlußscheibe befestigt sind, so einzustellen, daß der Schuß genau während der Zeit erfolgt, wo der Verschluß voll geöffnet ist.

Die Ausbildung des Verschlusses wird später im Anschluß an die Beschreibung des Apparates erläutert werden.

### Ausführung des Druckmessers.

Wie aus Fig. 10 zu ersehen ist, wurden die Versuche mit einem ziemlich provisorisch zusammengestellten Apparat ausgeführt, um mit Rücksicht auf die spätere endgültige Ausführung der verschiedenen Teile leicht Aenderungen vornehmen zu können.

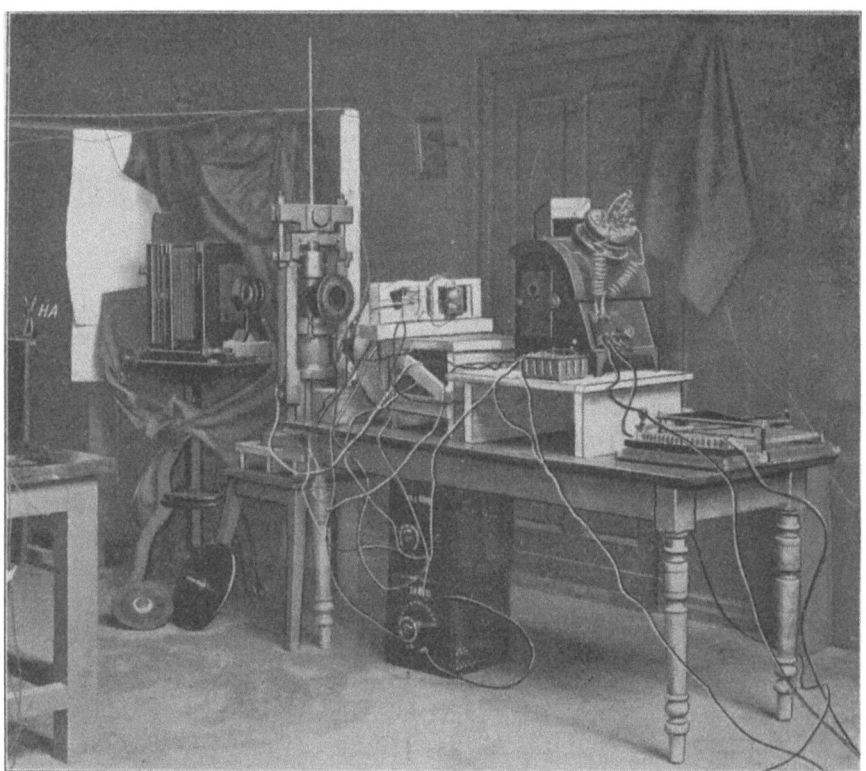

Fig. 10.

Die Beschreibung des eigentlichen Gasdruckmessers ist am besten an Hand der Fig. 11 bis 17 zu verfolgen. Die erste Ausführung war für die unmittelbare Messung des Gasdruckes und nicht des Reaktionsdruckes oder »Rückdruckes« der Waffe bestimmt, weil sich die hiermit gewonnenen Werte für den Höchstgasdruck unmittelbar mit den Angaben der gebräuchlichen Kupferquetsch-

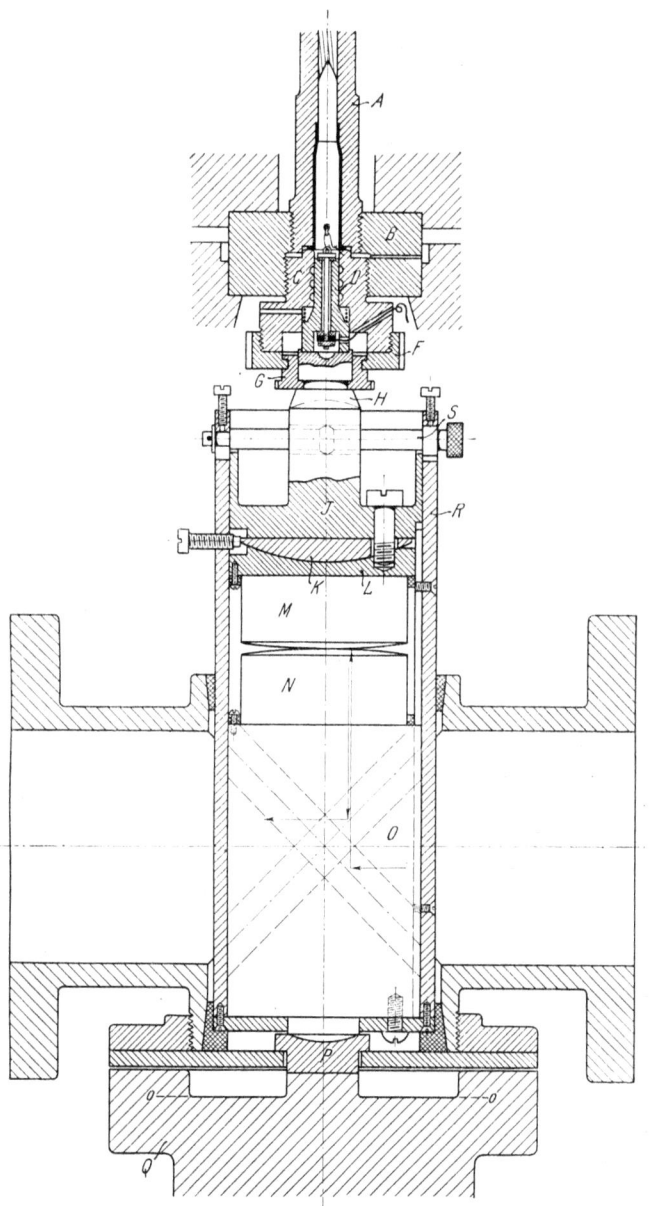

Fig. 11.

körper (crusher) und den Angaben des Apparates vergleichen lassen, der an der Zentralstelle zum Ermitteln des Höchstgasdruckes gebaut worden ist.

Der verwendete Lauf ist der normale Lauf des Deutschen Infanteriegewehres Modell 98. Die zugehörigen Verschlußteile sind so ausgeführt, daß sie zum Reinigen, Laden und Wiedereinbringen für sich weggenommen werden können, ohne daß an dem übrigen Apparat etwas verstellt oder gelöst zu werden braucht.

Das Hauptstück B (siehe Fig. 11) hält den Lauf A in dem normalen Laufgewinde und auf der unteren Seite das Verschlußstück C mit einer Bohrung für den Stempel D fest. Unter dem Stempel befindet sich eine kräftige Schraubenfeder, die den Zweck hat, der Stempelreibung entgegenzuwirken und außerdem ein sattes Anliegen des Stempels an dem Linsenträger zu verbürgen. Damit der Stempel beim Wegnehmen des Laufes samt den Stücken B und C vom Druckstück nicht herausgeschnellt wird, ist die Befestigung F, G, H vorgesehen. F und G sind durch Bajonettverschluß verbunden.

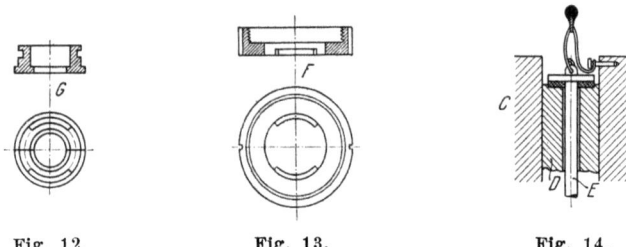

Fig. 12.    Fig. 13.    Fig. 14.

In Fig. 12 ist das zweiteilige Stück G und in Fig. 13 das Stück F besonders abgebildet. Unmittelbar vor Ausführung eines Versuches ist der Bajonettverschluß durch Drehen des Stückes G um 90° außer Wirkung zu setzen. H hält einerseits den Stempel zurück, anderseits überträgt es den Gasdruck mittels seiner kugelig gedrehten Unterseite auf den Linsenträger J. Um ein Undichtwerden des Stempels oder des Hülsenflansches sofort erkennen zu können und besonders um einer gefährlichen Beanspruchung der Verschlußteile vorzubeugen, sind die Teile B und C, wie aus Fig. 11 zu ersehen, angebohrt. Es wird hierdurch etwa ausgetretenen Gasen das Abfließen gestattet. In den Stempel D ist die elektrische Zündung eingebaut. Zu dem Zweck ist ein mit einem großen Bund versehener Stift E, durch Speckstein isoliert, durch die Stempelmitte gesteckt; am äußeren Ende ist ein Kupferscheibchen für die Stromzuführung zwischen die äußere isolierende Specksteinscheibe und eine kleine Schraubenmutter geklemmt. Die Zündung wurde mittels Zündpillen für elektrische Zündung (einen Chloratsprengstoff enthaltend) bewirkt, die einerseits an dem isolierten Stift E, anderseits an dem Verschlußstück C befestigt wurden, siehe Fig. 14.

Als Geschoßfang diente eine über dem Lauf aufgehängte, oben geschlossene, mit Sand gefüllte und unten durch einen Holzpflock verschlossene eiserne Röhre (halbfertige Kohlensäureflasche).

Der obere Teil, die eigentliche Waffe, ist durch 2 gußeiserne Querbalken, die das Stück B halten, mit dem schweren Gußeisengestell, siehe Figur 10, verbunden. Der untere Teil ist mittels 4 Schrauben an dem Flansch des Gußstückes Q, Fig. 11, befestigt. In ein oben und unten abgesägtes Rohrkreuzstück ist ein glattes Rohr R eingesetzt, in dem sich unten der aus einem massiven Flußeisenstück hergestellte und mit verschiedenen Schlitzen und Bohrungen versehene Spiegelträger O befindet. Durch eine lange Leiste ist O ebenso wie J an einer Verdrehung gegenüber R verhindert. Die Glaslinsen M und N sind durch Fassungen an den Stücken L und O befestigt. Um die Linsen so einstellen zu können, daß sie sich genau in der Mitte berühren, sind die Stahllinsen K und L vorgesehen. L ist an einer Drehung um seine Achse verhindert; wird K mittels der 4 nach außen gehenden Schrauben verschoben, so ändert sich die Neigung der ebenen Fläche von L. Sind die Glaslinsen richtig eingestellt, so kann die Scheibe L gegen das Stück J mittels dreier Schrauben angezogen werden. Das Stück J ist seinerseits am Herausfallen aus dem Rohr durch einen oben eingesteckten Stift S gesichert. Der Stift S wurde, um ebenfalls die satte Berührung der Glaslinsen zu bewirken, vermittels zweier Schräubchen sanft nach unten gezogen. Um den Druck genau in der Achsenrichtung der Glaslinsen zu erzeugen, trägt der Stift S in der Mitte eine ballig gedrehte Verdickung.

In der Ausführung verlangte der Stempel D besondere Sorgfalt. Er ist so eingeschliffen worden, daß er sich bei einem Durchmesser von 10 mm, unter der Presse mit rd. 2700 kg belastet, in seiner Führung gerade noch mit der Hand verschieben ließ. Es zeigte sich, daß ein Spiel von 0,01 mm (Unterschied der Durchmesser) am zweckmäßigsten ist. Gedichtet wurde der Stempel durch 3 in die Führung C eingedrehte Rillen. Diese Ausführung bewährte sich vollkommen.

Der Zusammenbau der Glaslinsen M und N, die in Fig. 11 mit übertrieben kleinem Abrundungshalbmesser gezeichnet sind, erfordert besondere Sorgfalt. Es muß möglichst vermieden werden, daß sich Staub zwischen den Linsen ansammelt, weil sonst die Interferenzringe Störungen erleiden. Die Linsen wurden deshalb in einem ruhig gelegenen, Erschütterungen nicht ausgesetzten Raume[1]) zusammengebaut und nach dem Aufeinanderbringen über beide zum Schutz vor eindringendem Staub ein Gummiring gespannt.

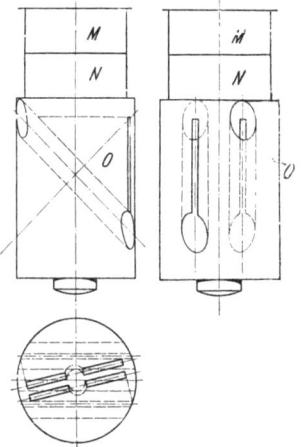

Fig. 15.

Der untere Linsenträger O Fig. 15 trägt sowohl den Spiegel für die eintretenden als auch für die austretenden Lichtstrahlen. Es empfahl sich nicht, die Interferenzringe zu benutzen, die im durchfallenden Licht erzeugt werden, weil sie bei weitem nicht so kontrastreich sind, wie die im reflektierten Licht erzeugten, und weil man außerdem auch in dem Stück G einen Spiegel für die Lichtführung hätte einbauen müssen, wodurch die Masse dieses Stückes wesentlich vergrößert worden wäre. Es sind deshalb die im reflektierten Lichte erzeugten Interferenzringe benutzt worden.

Die sehr langen, nur 8 mm breiten Spiegel sind auf Eisenstäbe von halbkreisförmigem Querschnitt gespannt, die sich in 2 Bohrungen des Stückes O befinden, die ungefähr einen rechten Winkel miteinander bilden. Die Spiegelträgerbolzen werden durch kräftige in ihrer Unterseite eingelassene Federn gegen

---
[1]) Am besten eignen sich hierfür besondere, durchweg glattwandige, mit Oelfarbe gestrichene Zimmer.

ungewollte Verdrehung und Verschiebung gesichert, siehe Fig. 16. Weil zwischen den beiden Bohrungen eine gewisse Wandstärke sich befinden muß, sind ihre Mitten ungefähr 30 mm voneinander entfernt. Das Licht geht, wie schon früher erwähnt, vergl. Fig. 7 und 15, von dem ersten Spiegel durch einen schmalen Schlitz nach oben und auf dem Rückweg von den Linsen durch einen entsprechenden

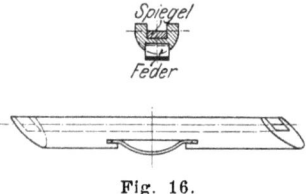

Fig. 16.

Schlitz zu dem Austrittsspiegel, der im Gegensatz zum ersten Spiegel, der nur zur Lichtzuführung dient, Oberflächenversilberung besitzt, weil die an der vorderen und hinteren Fläche eines hinten versilberten Spiegels zurückgeworfenen und seitlich versetzten Strahlen das Bild der Interferenzringe unscharf gemacht hätten.

Um die Auflagefläche für die untere Linse im Stück $O$ möglichst wenig zu schwächen, sind die Schlitze, die durch die obere Fläche von $O$ gehen, in der Mitte durch schmale Stege unterbrochen worden. Die Stege stören nicht, weil sie in den Bereich des dunklen Kernes des von der Linse erzeugten Bildes fallen.

Es ist unbedingt notwendig, zwischen den nach oben gehenden Schlitzen des Stückes $O$ einen Damm $e'$, siehe Fig. 17 und 18, stehen zu lassen, damit nur die an der Linsenberührungsfläche reflektierten interferierenden Strahlen nach der Kamera hin austreten können, nicht aber diejenigen, die an der untersten und obersten Linsenfläche reflektiert werden. In Fig. 18 sind die letzteren gestrichelt gezeichnet.

Genaue Stellung der Spiegelträger: Wenn man in der Kamera ein scharfes Bild der Ringe erhalten will, dann muß die Linsenberührungsfläche $L-L$, Fig. 7 und 18, in welcher die Interferenzringe erzeugt werden, sich so spiegeln, daß ihr Spiegelbild senkrecht steht, entsprechend $L'-L'$. Die strichpunktierte Linie $M-M$, Fig. 17, entspricht der Achse des zum Aufzeichnen des Diagrammes benutzten Ringstreifens. Soll diese Linie oder die Mittellinie $M_a-M_a$ des Austrittsschlitzes sich in $B$, s. Fig. 17 spiegeln, dann muß der betreffende Spiegel gegen die wagerechte Ebene unter $45°$ geneigt sein, und die Horizontalspur der Spiegelebene muß senkrecht zu $M-M$ verlaufen.

In der perspektivisch gezeichneten Fig. 19 stelle $\triangle OAD$ ein in der wagerechten Ebene liegendes rechtwinkliges Dreieck dar, die Linie $OD$ entspreche der wagerechten Achse der Fig. 17, $OE$ liege in der Richtung der Achse $M-M$. Steht $AD \perp OE$, dann ist $AD$ parallel der Horizontalspur der Spiegelebene. Macht man den $\angle OEB = 45°$, dann entspricht die Fläche des Dreiecks $ABD$ in ihrer Neigung im Raume der Spiegelfläche, und die Linie $BD$ entspricht der Achse des schmalen Eintrittsspiegels, der, siehe Fig. 16, auf einem zylindrischen Bolzen befestigt ist. $\angle BDO$ ist daher die Horizontalneigung der beiden Bolzen.

Bezeichnet man den Winkel, den die Achse $M-M$ in Fig. 17 mit der Wagerechten macht, d. h. den $\angle EOD$ der Fig. 19 mit $q$, dann ist die Neigung des Spiegels in der Richtung $BD$ gleich $\angle BDO = \angle B'DO = v$, wenn $B'D$ die Umklappung von $BD$ um seine Horizontalprojektion $OD$ ist. Da die Spiegelfläche wie oben bemerkt, in der Richtung $BE$ um $45°$ geneigt ist, hat man, wenn $OE = 1$ gesetzt wird, $OE = OB = 1$, und im $\triangle ODE$ ist $OD = \dfrac{1}{\cos q}$.

Für den Neigungswinkel des Spiegelträgers gilt somit

$$\operatorname{tg}\psi = \frac{OB}{OD} = \frac{1\cos\varphi}{1} = \cos\varphi.$$

Der Spiegel wird zunächst so eingesetzt werden, daß die Horizontalspur seiner Ebene senkrecht zu seiner Achse $BD$ d. h. parallel zu $AO$ ist. Man hat hierauf den Spiegelträgerbolzen soweit zu verdrehen, bis die Spiegelebene in die Fläche $ABD$ fällt.

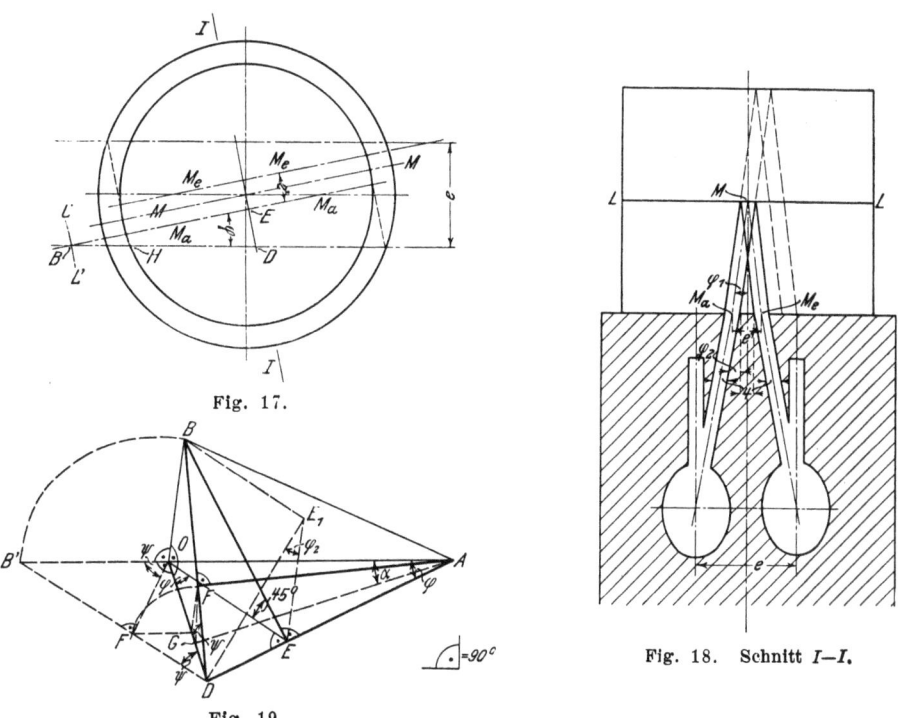

Fig. 17.

Fig. 18. Schnitt I—I.

Fig. 19.

Die Verdrehung des Spiegels um seine Achse $BD$ wird somit durch den Winkel $\alpha$ bestimmt, den das auf $BD$ gefällte Lot $AF$ mit der Linie $AO$ macht. Weil $\angle AOD = \angle OED = 90°$ ist, hat man

$$\angle OAD = \angle EOD = \varphi$$
$$OA = \frac{OE}{\sin\varphi} = \frac{1}{\sin\varphi}.$$

Im Dreieck $BOD$ ist $OF \perp BD$, deshalb auch in der Umklappung des Dreiecks $BOD$ um $OD$

$OF' \perp B'D$, man hat daher im Dreieck $OF'D$
$OF' = OF = 1\cos\psi$.

Im rechtwinkligen Dreieck $AOF$ ist

$$\operatorname{tg}\alpha = \frac{OF}{OA} = \frac{\cos\psi\,\sin\varphi}{1}.$$

Die Kenntnis von $\alpha$ ist übrigens nicht so wichtig, weil der aus Konstruktionsrücksichten rund hergestellte Spiegelhalterbolzen bequem in die richtige Stellung gebracht werden kann, wogegen $\psi$ bestimmt werden muß, weil danach die Bohrung für den Spiegelträger auszuführen ist.

In Fig. 18 ist ein senkrechter Schnitt durch die schrägen Kanäle gezeichnet. Das Licht muß so geführt werden, daß es senkrecht auf die Linie

$M-M$ in der Linsenberührungsfläche fällt, es muß somit in der Bildebene der Fig. 18 verlaufen.

Bei der Ermittlung der Abmessungen des Spiegelträgerbolzens ging ich davon aus, daß die Breite des Dammes $e'$ ein gewisses Mindestmaß nicht unterschreiten soll. Wählt man die Dammbreite zu 4 mm, dann erhält man bei einer Linsendicke von 30 mm für die Lichtneigung im Glas, Fig. 18,

$$\operatorname{tg} \varphi_1 = \frac{\tfrac{1}{2} e'}{30} = \frac{2,0 + 2,0}{30} = \frac{4,0}{30} = 0{,}133$$

oder

$$\varphi_1 = 7°\,35'\,{}^1).$$

Außerhalb des Glases ist der Einfallwinkel unter Berücksichtigung des Brechungsexponenten $n = 1{,}52$ (nach Mitteilung von Steinheil)

$$\varphi_2 = 11°\,35'.$$

Zieht man in Fig. 19 $EE_1$ gleich und parallel $OB$, dann ist, weil sich die Strecken $ED$ in den Fig. 17 und 19 vollkommen entsprechen, $\angle DE_1E = \varphi_2$.

Setzt man wie früher $OE = 1$, so hat man:

$$\operatorname{tg} \varphi = \frac{ED}{OE} = \frac{ED}{1} = ED$$

$$\operatorname{tg} \varphi_2 = \frac{ED}{EE_1} = \frac{ED}{OB} = ED;$$

es ist somit

$$\varphi = \varphi_2.$$

In Fig. 17 habe ich noch über $EB$ zu bestimmen. $B$ muß so weit von $H$ entfernt sein, daß die Bohrung für den Spiegelträgerbolzen, siehe Fig. 11 und 15, möglichst seitlich an $O$ herauskommt und nicht etwa in der Linsenauflagefläche. Der Bolzen ist aus konstruktiven Gründen 18 mm stark genommen worden. Es ergab sich deshalb $BH > 9 \times \sqrt{2}$ und abgerundet zu 15 mm. Der Spiegelbolzenabstand $e$ ermittelt sich, siehe Fig. 17, zu

$$e = (2\,ED + e') \cos \varphi;$$

da $ED = EB \operatorname{tg} \varphi$ ist, und $EB = EH + HB = 35 + 15$ mm, ferner

$$e' = 8 \text{ mm und } \varphi = 11°\,35'$$

wird

$$e = 27{,}9 \text{ mm} = \infty\ 28 \text{ mm}.$$

Dieser Wert kann beibehalten werden. Es gehen hierbei die Bohrungen für die Spiegelträgerbolzen 10 mm aneinander vorbei.

Einzelteile der optischen Ausrüstung: Im Einzelnen ist Folgendes zu bemerken: Es empfiehlt sich, für die Bogenlampe einen regulierbaren Widerstand zu verwenden, damit man für die Zeit der Aufnahme die Lampe einige Augenblicke unter Ueberspannung brennen lassen kann. Der Durchmesser der Linse $S$, die Breiten und die Höhen der Zylinderlinsen, sowie die Brennweiten und Abstände der Linsen voneinander ergeben sich, bei dem vorliegenden Fall, Fig. 7, wo die Strahlen auf der einen Seite parallel sind, auf der andern sich im Brennpunkt schneiden, aus der Notwendigkeit, die Oeffnung, d. h. bei Zylinderlinsen die Breite kleiner als $\dfrac{F}{3}$ oder besser $\dfrac{F}{4}$ zu machen, wenn $F$ die Brennweite bedeutet, denn größere Oeffnungen liefern keine scharfen Bilder mehr.

---

[1]) Die Linsendicke wurde mit Rücksicht auf genügende Starrheit zu 30 mm angenommen.

Eine weitere Vervollkommnung erhält der Apparat, wenn man zum Schutz der Spiegel gegen zu große Erwärmung durch die Lichtstrahlen zwischen $S$ und $Z_1$ eine Wasserkammer aufstellt und das Wasser etwas blau färbt. Durch die Färbung wird das Licht filtriert und das Bild der Ringe schärfer.

Bei der Linse $O$, Fig. 7, ist besonders zu betonen, daß ihr Durchmesser nicht kleiner sein darf, als der Durchmesser der Drucklinsen im Meßapparat $M$. Wollte man den Durchmesser von $O$ etwas verringern, was durch Abblenden geschehen könnte, so würde von dem in der Hauptsache ziemlich parallel einfallenden Licht, der Teil nahezu vollständig zurückgehalten werden, der die Ränder von $L-L$ passiert hat. $O$ kann, wenn das Licht filtriert wird, ein gewöhnliches nicht korrigiertes Objektiv sein. Es ließe sich eigentlich ganz ersparen, wenn man das von rechts in den Meßapparat $M$ eintretende Licht genau parallel erzeugen würde. Man müßte in diesem Falle mit $F$ ganz dicht an $M$ heranrücken, erhielte also eine gedrängtere Anordnung des ganzen Apparates. Bei der ersten Ausführung waren die Linsen $S$ und der rechte schräge Spiegel, siehe Fig. 7, nicht so genau gewesen, daß man auf eine Linse $O$ hätte verzichten können

Das Bild der Ringabschnitte $L'L'$ ist, wie aus dem Grundriß zu ersehen, nicht parallel der Scheibe $F$. Man könnte jedoch die hierdurch hervorgerufene, bei größerer Brennweite von $O$ aber belanglose Unschärfe völlig vermeiden wenn man $F$, $O$ und $Z_3$ in eine zu $L'L'$ parallele Lage bringt. Es ist dies aber wegen der geringen Breite der benutzten Ringabschnitte und zumal bei einer größeren Brennweite von $O$ in der Regel überflüssig.

Statt der die Filme tragenden Planscheiben könnte man auch wie Petavel, eine mit einem Film bespannte Trommel verwenden. Diese Anordnung stellt aber bei höheren Geschwindigkeiten wegen der Wirkung der Fliehkraft das glatte Aufliegen der Filme in Frage. Für die vorliegend beschriebenen Versuche wurden die Scheiben benutzt, die an der Zentralstelle früher für die Mehrfachfunkenphotographie angefertigt worden sind. Der ringförmig geschnittene Planfilm wird innen durch eine Metallscheibe, außen durch einen Messingring gehalten.

In der Photographie, siehe Fig. 10, liegen 2 Scheiben neben der Kamera am Boden. Wenn man Trommeln verwenden wollte, könnte man daran denken, ausbalanzierte Glaszylinder mit einer photographisch empfindlichen Schicht überziehen zu lassen[1]).

Zündung und photographischer Verschluß: Die Zündung muß in der Zeit erfolgen, wo der Verschluß geöffnet hat, und zwar möglichst zu Anfang der Oeffnungsperiode.

Bei der höchsten Filmgeschwindigkeit beträgt die Dauer einer Umdrehung $1/140$ sk, siehe S. 13. Es sollte deshalb die Zündung in einem bestimmten Zeitabschnitt von höchstens $1/2000$ sk Dauer erfolgen. Der Strom, der die Zündung bewirkt, muß entsprechend kräftig sein; man hat deshalb geradezu Kurzschluß herzustellen. Es ist zu diesem Zweck eine nach dem Versuchsraum gehende Leitung für 80 Amp benutzt und ein schwacher, vollständig abschaltbarer Widerstand angeschlossen worden. Es konnte auf eine kräftige Kurzschlußwirkung noch besonders gerechnet werden, weil eine Akkumulatorenbatterie von 300 Amp-Stunden Kapazität und 110 V Netzspannung im gleichen Gebäude angeschlossen war.

---

[1]) J. Hauff-Feuerbach hat auf eine entsprechende Anfrage erwidert, daß das mit den von ihm verwendeten Gießmaschinen nicht möglich sei. Es ist aber u. a. noch die Möglichkeit vorhanden, Planfilms in Glaszylinder zu stecken. Die Ausnutzung der sehr teuren Films wäre damit wesentlich günstiger.

Fig. 20.

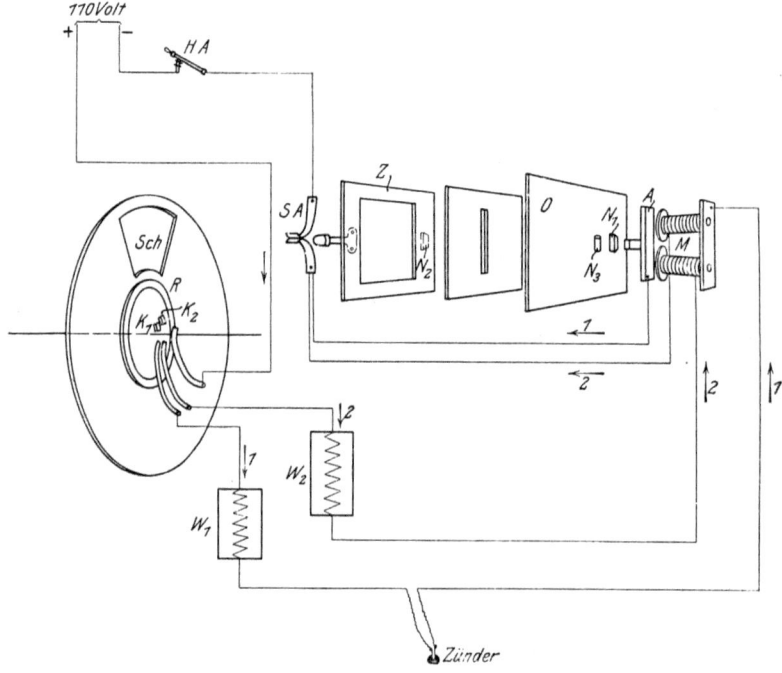

Fig 21.

Die Oeffnung des Verschlusses muß ebenfalls schnell und im Zusammenhang mit der Zündung erfolgen. Sie ist deshalb an denselben Stromkreis angeschlossen, wie die Zündung. Die Schaltung geht aus Fig. 21, die Wirkungsweise aus Fig. 7, 21 und den Photographien Fig. 10 und 20 hervor. In Fig. 20 ist das Tischchen, das den Plattenverschluß trägt, gegen den Beschauer herumgeschwenkt, die Rückseite des Verschlusses ist in dem aufgestellten Spiegel zu erkennen.

Die Hauptverschlußscheibe (Aluminium) sitzt auf der Achse eines Gleichstromelektromotors. Der in der Scheibe angebrachte Ausschnitt ist durch ein angeschraubtes Messingstück ausbalanziert, s. Fig. 30. Um die Oeffnung des Verschlusses und die Zündung in Abhängigkeit von der Stellung des Durchbruches in der Aluminiumscheibe zu bringen, muß der entsprechende Strom einen auf dieser Scheibe sitzenden Kontakt durchlaufen. In Fig. 20 sind die in eine Holzscheibe eingelassenen und mit deren Oberfläche bündigen Klötze $K_1$ und $K_2$, Fig. 21, sowie die Schleiffedern zu erkennen. Die Stromzuführung erfolgt durch einen auf die Aluminiumscheibe geschraubten Messingring, weil die Feder nicht gegen das Aluminium anlaufen darf. (Sie würde sonst sofort eine Rille einfressen.) Anderseits war es auch nicht möglich, den Strom dem Motorgehäuse zuzuführen und die Kugellager des Ankers zum Weiterleiten zu benutzen, weil sonst während des Stromschlusses die Kugeln und Laufringe Brandflecke bekommen hätten.

Die Stromabnahmefedern sitzen der Aluminiumscheibe gegenüber auf zwei zwischen Holzklötzen dreh- und in beliebiger Stellung feststellbaren Holzringen.

Der Strom für den Verschlußmagneten $M$ fließt von $K_2$, siehe Fig. 21, durch $W_2$ nach der Magnetwicklung und von hier durch den Selbstausschalter $SA$, über den zur Auslösung des Schusses benutzten Hauptausschalter $HA$ nach dem Netz zurück. Der Stromkreis für die Zündung kann sich erst schließen, wenn der Magnet $M$ seinen Anker angezogen hat, da, wie in Fig. 21 dargestellt ist und bei den Vorversuchen die Anordnung auch getroffen war, der Zündstrom vom Magnetkern zum Anker fließen muß. Gleitet der Zündungskontakt $K_1$ nach dem Wirken des Magneten unter seiner Feder weg, so geht der Strom durch $W_1$, die Zündpille, Magnetkern, Anker $A$ zum Selbstausschalter $SA$. Dieser besteht aus zwei Messingblechen und wird durch einen mit der Schließscheibe $Z$ verbundenen isolierten Stift auseinandergespreizt. Die Oeffnungs- und Verschlußscheibe sind durch zwei Hebel verbunden, die mit einer in ihrer Länge leicht veränderbaren Stange aneinandergeschlossen sind.

Der Zündstromkreis wird statt durch die Berührung von Magnetkern und Anker besser durch einen besondern Schnappschalter betätigt, der vom Anker beim Anziehen freigegeben wird.

Der Plattenverschluß ist in der Weise ausgeführt worden, daß in einem Holzrahmen zwei bewegliche Bleche und dazwischen ein als Blende dienendes festes, mit einem Schlitz versehenes Blech eingelassen sind. Die Bleche werden von Federn vorgeschnellt, sobald man ihre Sperrnasen freigibt. Die Nase $N_1$ des vorderen Oeffnungsbleches wird vom Anker $A$, siehe Fig. 21, gehalten. Das Blech muß so weit vorschnellen, daß es das Licht der Bogenlampe hinter sich durchfallen läßt. Im Vorschnellen schlägt es mit einem runden Nocken $N_3$ den Hebel $H_1$ auf die Seite, worauf auch der Sperrhebel des Schließbleches $Z$ vom Nocken $N_2$ weggeschlagen wird. Die Achse des Hebels $H_2$, Fig. 7, kann beliebig verschoben werden.

## Ausführung der Versuche.

Der Lauf, der Stempel und die übrigen mit dem Pulver in Berührung kommenden Teile sind nach jedem Schuß sorgfältig zu reinigen. Vor der Ausführung eines Versuches sind die gleitenden Teile einzufetten, der Lauf trocken zu wischen.

Nachdem die Hülse mit Pulver gefüllt ist (die Geschosse können in alle Hülsen vorher eingesteckt werden), wird die Zündpille, Fig. 14, auf dem Stempel festgeklemmt, der Verschluß eingeschraubt und das Stück $H$ durch seinen Bajonettverschluß gesichert.

Man schraubt sodann den als Gewehr anzusehenden Teil auf den Meßapparat, den Indikator, der auf seiner Unterlage während beliebig vieler Versuche sitzen bleiben darf und nur zum Eichen weggenommen zu werden braucht. Beim Freigeben des Stempels $H$ aus dem Bajonettverschluß ist darauf zu achten, daß er sich satt unter leichtem Druck seiner Feder, Fig. 11, auf das Stück $J$ aufsetzt. Der Stempel $H$ darf anderseits auch nicht weiter aus dem Stück $C$ heraustreten, als er vor dem Zusammensetzen durch den Bajonettverschluß hineingedrückt wurde. Es würde sonst das Volumen der Hülse, d. h. der Verbrennungsraum vergrößert werden.

Es wird hierauf die Zündung an die Zuleitungen angeschlossen, der Verschluß gespannt, nach dem Verdunkeln des Versuchsraumes die Filmscheibe eingesetzt, die in der Kamera befindliche Zylinderlinse $Z_3$ dicht vor den Film bis in Brennweitenabstand (durch einen Anschlag festgelegt) vorgeschraubt, die Kamera lichtdicht abgedeckt, die Bogenlampe eingeschaltet und der die Filmscheibe drehende Motor in Gang gesetzt. Kurz bevor der Film die gewünschte Umlaufzahl besitzt, wird die Lampenspannung erhöht, der Verschlußdeckel $D$, siehe Fig. 7, abgenommen, und in dem Augenblick, wo die gewünschte Umlaufzahl erreicht ist, der Hauptschalter $HA$ eingelegt.

Nach dem Fallen des Schusses können beide Motoren und die Bogenlampe abgeschaltet und nach Zurückschrauben der Zylinderlinse $Z_3$ die Filmscheibe abgenommen werden. Man sichert den Stempel durch den Bajonettverschluß und nimmt das Gewehr zur Reinigung vom Indikator ab.

## Eichung des Apparates.

Die Eichung des Apparates kann unter einer beliebigen Presse ausgeführt werden. Im vorliegenden Falle wurde eine 5 t-Presse von Amsler-Laffon benutzt, siehe Fig. 22.

Es kommt hierbei vor allem darauf an, daß der Abstand zwischen Indikator und Objektiv einerseits sowie zwischen Objektiv und Mattscheibe bezw. photographischer Platte anderseits genau derselbe ist wie beim Versuch.

Will man die Ungenauigkeit, die darin liegt, daß die photographisch wirksamsten Strahlen eine andere Wellenlänge haben, als diejenigen, für die das menschliche Auge die größte Empfindlichkeit besitzt, ausscheiden, so muß man die bei den verschiedenen Drücken sich zeigenden Bilder der Newtonschen Ringe photographieren und auf der Photographie bezw. dem Negativ ausmessen, wofür am zweckmäßigsten ebenfalls Planfilme benutzt werden.

Ich habe mich im vorliegenden Falle damit begnügt, die Ringdurchmesser $d$, siehe Fig. 2, mit einem Zeichenmaßstab auf der Mattscheibe abzumessen, einesteils weil ich nicht mehr genügend Zeit hatte, anderteils weil ich die erzielte Genauigkeit für vollkommen genügend hielt, um einen sicheren Schluß auf die Brauchbarkeit des Interferenzindikators an sich ziehen zu können. Aus den gleichen Gründen habe ich auch auf ein Eichen der Presse vor oder nach dem Versuch verzichtet.

Fig. 22.

Die Belastungsänderungen und Ablesungen folgten in Zeitabständen von etwa 1 Minute.

Die Ablesungen beginnen nicht mit 0 kg, weil die Linsen schon von vornherein durch den Stift $S$, siehe Fig. 11, mit einem schwachen, nicht näher ermittelten Druck gegeneinander gepreßt wurden, um nie die satte Berührung der den Gasdruck übertragenden Stücke aufzugeben.

In der nachstehenden Zahlentafel sind die Ablesungen zusammengestellt und in Fig. 23 aufgetragen.

Es war vor allem wichtig, die Eichung auch für exzentrische Belastung auszuführen, weil die (zwar reichlich vorgesehenen) Kugelflächen bekanntlich keine genaue axiale Druckübertragung gewährleisten. Es wurde zu diesem Zweck der Angriffspunkt für den Eichungsdruck nach zwei entgegengesetzten Richtungen von der Linsenmitte herausgerückt, siehe Fig. 23.

Wie zu erwarten war, ist die Anzeige praktisch dieselbe, einerlei ob der Druck genau zentrisch oder etwas exzentrisch erfolgt.

Die bei der Eichung ermittelten Durchmesser des ersten hellen Ringes sind in Fig. 23 in Funktion der Belastung eingetragen. Ich möchte diese Linien im Folgenden kurz als »Eichlinien« und die Linie der aus den Einzelablesungen bestimmten Mittelwerte als »die Eichlinie« bezeichnen. Außerdem sind in der Figur die Durchmesser $d_d$ für den Berührungskreis der Linsen nach der Hertzschen Formel berechnet, eingezeichnet. Um diesen Durchmesser berechnen zu können, und vor allem, um Berichtigungen anbringen zu können, die zur Berücksichtigung der Massenwirkung dienen, muß man die Dehnungskoeffizienten der verwendeten Baustoffe kennen. Beim Maschinen- und Werkzeugstahl, aus dem der Apparat besteht, ist der Dehnungskoeffizient anzunehmen zu:

$$\alpha = \frac{1}{2\,120\,000}.$$

## Eichungszahlentafel.
### I) Zentraler Druck.

| Druck kg | Durchmesser des ersten hellen Ringes in mm[1] | | | |
|---|---|---|---|---|
| | belasten 1 | entlasten 2 | belasten 3 | entlasten 4 |
| 100 | 35 | 34 | 33,5 | — |
| 200 | 38 | 37,5 | 36,5 | — |
| 500 | 45 | 45 | 43,5 | — |
| 750 | 50,5 | 50 | 48,5 | — |
| 1000 | 53,5 | 53 | 53 | 53,5 |
| 1250 | 57,5 | 57,5 | 56,5 | — |
| 1500 | 59,5 | 60,5 | 59,5 | — |
| 1750 | 63 | 63 | 62 | — |
| 2000 | 65 | 65,5 | 64,5 | — |
| 2250 | 67 | 67,5 | 67 | — |
| 2500 | 69 | 69,5 | 69 | — |
| 2750 | 71 | 71 | 71 | — |
| 3000 | 72,5 | 72,5 | 73 | — |
| 3250 | 75 | | 75 | |

### II) Exzentrischer Druck.

| Druck kg | Druck wirkt 5 mm | | | Mittelwert von Spalte 1 bis 7 | größter Unterschied mm |
|---|---|---|---|---|---|
| | links | | rechts | | |
| | von der Mitte | | | | |
| | belasten 5 | entlasten 6 | belasten 7 | | |
| 100 | 34 | — | 34 | 34,1 | +0,9 |
| 200 | 37 | — | 36,5 | 37,1 | +0,9 |
| 500 | 44 | — | 44,5 | 44,4 | —0,9 |
| 750 | 49 | — | 49,5 | 49,5 | ±1,0 |
| 1000 | 53 | 53 | 53,5 | 53,2 | +0,3 |
| 1250 | 56,5 | — | 57 | 57,0 | ±0,5 |
| 1500 | 59 | — | 60 | 59,7 | +0,8 |
| 1750 | 62,5 | — | 62 | 62,5 | ±0,5 |
| 2000 | 65 | — | 64 | 64,8 | —0,8 |
| 2250 | 67 | — | 67 | 67,1 | +0,4 |
| 2500 | 69 | — | 68,5 | 69,0 | ±0,5 |
| 2750 | 71 | — | 71 | 71 | 0 |
| 3000 | 72 | — | 73 | 72,6 | —0,6 |
| 3250 | 73,5 | | 74 | 74,1 | 0,9 |

| Belastung kg | Spannung kg/qcm | gesamte Dehnung $1/10000$ mm | federnde Dehnung $1/10000$ mm | bleibende Dehnung $1/10000$ mm |
|---|---|---|---|---|
| 250 | 66,9 | 9 | 9 | — |
| 500 | 133,1 | 16,5 | 16,5 | — |
| 750 | 199,6 | 26 | 26 | — |
| 1000 | 266,2 | 35 | 35 | — |
| 1250 | 332,7 | 43,5 | 43 | 0,5 |
| 1500 | 399,3 | 52,5 | 52 | 0,5 |
| 1750 | 465,8 | 60,5 | 60 | 0,5 |
| 2000 | 532,4 | 69,5 | 69 | 0,5 |
| 2250 | 599 | 78,5 | 77,5 | 1 |
| 2500 | 665 | 87,5 | 86 | 1,5 |
| 2750 | 732 | 96 | 94 | 2 |
| 3000 | 799 | 106 | 104 | 2 |

---
[1] Siehe in Fig. 2 die Strecke *d*.

Beim Glase schwankt $a$ jedoch, je nach der Zusammensetzung, derart, daß es für das verwendete Glas durch Versuche bestimmt werden mußte.

Ich ließ deshalb von der Firma Steinheil in München aus derselben Glassorte zwei Versuchzylinder anfertigen. Die Höhe betrug 24 mm, der Durchmesser 21,87 mm.

Die Messungen wurden mit einem Spiegelfeinmeßapparat von E. Böhme bei einer Meßlänge von 10 mm vorgenommen.

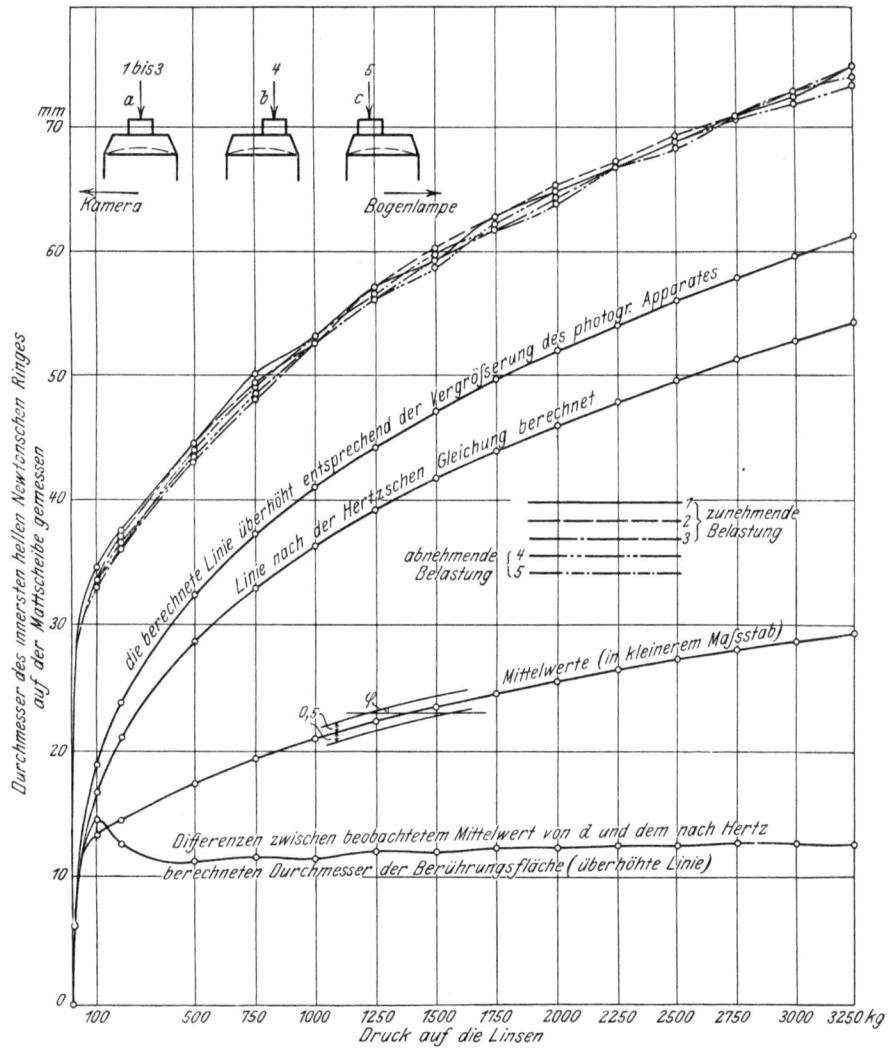

Fig. 23.

Die Ablesungen wurden für jede immer wieder von 0 ausgehende Belastung dreimal ausgeführt und an dem darauffolgenden Tage wiederholt. Die Uebereinstimmung der einzelnen Werte war sehr gut.

Es ergaben sich die in der Zahlentafel S. 26 zusammengestellten Werte, die in Fig. 24 aufgetragen sind.

Wie aus der graphischen Aufzeichnung zu ersehen ist, hat man bei Druckspannungen bis
$$k = \infty\ 800\ \text{kg/qcm}$$
Proportionalität zwischen Spannung und Dehnung.

Der Dehnungskoeffizient berechnet sich, für die Spannungen von 0 bis 800 kg/qcm als unveränderlich angenommen, zu

$$\alpha_g = \frac{104}{10\,000 \cdot 799} = \frac{1}{768\,000}.$$

Bleibende Dehnungen hat man bei den geringen im Indikator auftretenden spezifischen Pressungen nicht zu befürchten.

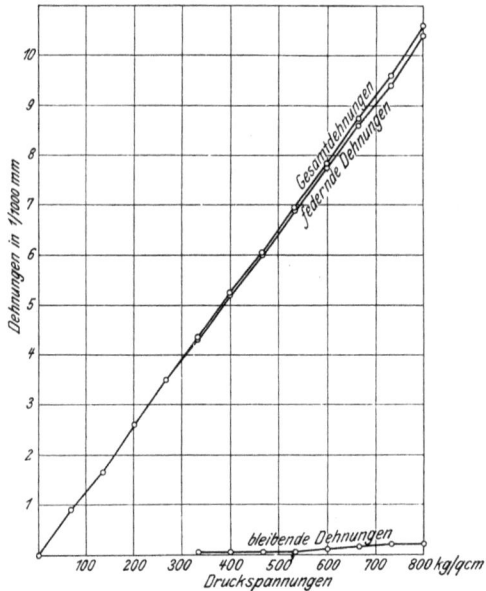

Fig. 24.

Aus der Gleichung S. 8 für den Durchmesser des Berührungskreises erhält man mit dem gefundenen Wert von $\alpha_g$ und dem von Steinheil mitgeteilten Wert für den Krümmungshalbmesser der Linsen:

$$r = 71{,}895 = \infty\ 72\ \text{m}$$

und dem aus der Literatur (Hertz) entnommenen Wert für $1 - \frac{1}{m^2} = 0{,}9$:

$$d_d = \sqrt[3]{6 \cdot \frac{1}{768\,000} \cdot 7200 \cdot P \cdot 0{,}9}$$

oder

$$d_d = 0{,}368 \sqrt[3]{P}.$$

Hiernach wurden die in Fig. 23 eingetragenen Linien berechnet. Weil die Ringe auf dem Film und deshalb auch beim Eichen in mehr als natürlicher, in etwa 1,125 facher Größe aufgenommen worden sind, wurde die Hertzsche Linie entsprechend erhöht.

Mit $r = 72$ m wird für $P = 0$ kg der Durchmesser des innersten hellen Ringes nach der Gleichung S. 9:

$$d = \sqrt{4 \cdot 72\,000 \cdot 0{,}00013} = 6{,}12\ \text{mm}.$$

Dieser Punkt wurde (überhöht) als Nullpunkt für die Eichlinien eingetragen.

Es wäre nun von Interesse, festzustellen, welche Uebereinstimmung zwischen den beobachteten und den rechnerisch zu erhaltenden Werten besteht. Leider ist es mir nicht bekannt, welche Beziehungen zwischen der Größe des Durchmessers $d_d$ des Berührungskreises und der des Durchmessers $d$ des ersten hellen Newtonschen Ringes bestehen. Hierüber mathematische Untersuchungen anzustellen, wäre nicht nur schwierig, sondern auch wenig Erfolg versprechend, weil die von H. Hertz bei Aufstellung seiner Gleichungen gemachten Voraussetzungen bei der vorliegenden Anordnung keineswegs genau erfüllt sind, denen zufolge die Berührungsflächen klein sind im Vergleich mit dem zugehörigen Körper. In unserm Falle haben die Glaslinsen einen Durchmesser von 70 mm; würden sie zu Vollkugeln ergänzt, dann betrüge ihr Durchmesser 150 **m**. Um die Uebereinstimmung zwischen den berechneten Werten $d_d$ für den Berührungskreis und den beobachteten Werten $d$ für die Newtonschen Ringe zu veranschaulichen, habe ich in Fig. 23 die Differenzen

$$d' = d - d_d$$

eingetragen.

Im großen ganzen ist $d'$ unveränderlich, abgesehen von der Gegend der niedrigen Drücke, wo die Unterschiede etwas größer sind. Diese Abweichung ist für den Druck von 100 kg wahrscheinlich ausschließlich auf die Wirkung des Stängchens $S$ zurückzuführen, durch das die Glaslinsen, siehe Fig. 11, mit einem gewissen Anfangsdruck zusammengepreßt werden.

### Berücksichtigung der Massenwirkungen.

Von größter Bedeutung für die Güte eines Indikators ist in erster Linie die Unveränderlichkeit der »Eichungslinie«, d. h. es darf sich kein wesentlicher Unterschied der Angaben zeigen, einerlei ob die Belastung im Steigen oder im Fallen begriffen ist. Nächstdem ist es bei Indikatoren für sehr rasche Druckänderungen notwendig, daß der Indikator dem Drucke zu folgen vermag. Es müssen die bewegten Massen und der von diesen zurückgelegte Weg klein sein. Bei außerordentlich schnellen Druckänderungen, wie sie z. B. beim Schuß auftreten, wird kein Indikator derart sicher arbeiten, daß der Unterschied zwischen seiner Angabe und dem tatsächlich auftretenden Druck vernachlässigt werden darf. Man wird bei genauen Messungen immer Berichtigungen anzubringen haben; je kleiner sie sind, um so genauer kann man mit dem betreffenden Indikator die gesuchte Drucklinie ermitteln und um so eher kann man sich beim praktischen Gebrauch mit den unmittelbaren Angaben des Indikators begnügen.

Wenn die bewegte Masse des Indikators auf der inneren Kolbenfläche vereinigt wäre und wenn man außer ihrer Größe den Weg $s_k$ kennen würde, den die Innenfläche des Kolbens in Abhängigkeit von dem auf sie ausgeübten Druck zurücklegt, dann wäre die anzubringende Berichtigung sehr einfach zu berechnen. Aus dieser letzteren Beziehung und aus dem Diagramm ist die Größe

$$\frac{d^2 s_k}{d t^2}$$

rechnerisch oder graphisch zu ermitteln, und wenn $M_r$ die am Kolbenboden angebrachte Masse vorstellt, so ist die der Indikatorangabe zuzuzählende oder von ihr abzuziehende Kraft

$$P_c = M_r \frac{d^2 s_k}{d t^2}.$$

Die Masse des Indikators wirkt nun aber nicht so, als ob sie in ihrer Gesamtheit am inneren Kolbenboden angebracht wäre, weil die einzelnen Massenteilchen sich um so weniger zu bewegen haben, je weiter sie von der Kolbeninnenfläche entfernt sind. Man muß deshalb die Kraft $M_r$ ermitteln, die, am Kolbenboden angebracht, sich ebenso oder angenähert so verhält, wie die gesamte bewegte Masse des Indikators. Diese Masse $M_r$ bezeichnet man als »reduzierte Masse«.

Die »Linie der Indikatorfederung«, d. h. die Linie, die man erhält, wenn man zu den Drücken als Abszissen die zugehörigen Kolbenwege aufzeichnet, ist durch Versuch und auch rechnerisch einfach zu ermitteln. Kann die Linie vollkommen oder angenähert durch eine Gerade ersetzt werden, dann ist der Quotient aus Kolbenweg $s_k$ und Druck $P_k$ unveränderlich und kann als »spezifische Federung« bezeichnet werden. Man kann schreiben, wenn $s_k$ in mm und $P_k$ in kg eingesetzt wird:

$$\text{Spezifische Federung } s_k' = \frac{s_k}{P_k}.$$

Im folgenden möge zunächst die »Indikatorfederung« berechnet werden.

Da der untersuchte Indikator aus Flußeisen und Glas besteht, sind, soweit es sich um reine Druckspannungen handelt, wegen der Unveränderlichkeit der Dehnungskoeffizienten die »spezifischen Federungen« unveränderlich. An der Berührungstelle der beiden Glaslinsen ist nach Hertz die Federung proportional $P^{2/3}$. An den Berührungstellen der übrigen Elemente wird vermutlich die Federung eher der Hertzschen Beziehung entsprechen als unveränderlich sein. Es hängt dies davon ab, wie die Berührung bei zunehmendem Drucke verläuft. Es können die Körper sich z. B. zuerst nur in zwei Punkten und dann in mehr Punkten bezw. Flächen, schließlich nahezu satt berühren.

Die Berechnung der reduzierten Masse ist aus der schematischen Fig. 25 zu ersehen. Die an der Bewegung des Indikators teilnehmenden Elemente be-

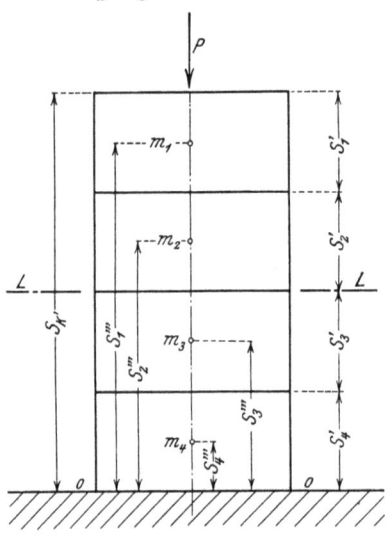

Fig. 25.

sitzen die Massen $m_1$, $m_2$ usw.; zwischen $m_2$ und $m_3$ werde durch die Interferenzerscheinung der Druck ermittelt, d. h. das Indikatordiagramm soll den zwischen $m_2$ und $m_3$ herrschenden Druck aufzeichnen. Das Stück mit der Masse $m_4$ lege sich gegen eine derart feste Unterlage, daß $o-o$ als starr angesehen werden darf.

Ich mache die der Wirklichkeit nicht genau entsprechende Annahme, daß alle Masseteilchen unter demselben Druck stünden. Die Kraft $P_r$, S. 29, ist, wenn $s_1 \ldots$ die Wege der Massenelemente gegenüber der Grundfläche $o-o$ darstellen:

$$P_c = m_1 \frac{d^2 s_1}{dt^2} + m_2 \frac{d^2 s_2}{dt^2}.$$

Stellen $s_1'$, $s_2'$, $s_3'$ und $s_4'$ die »Federungen« der Einzelteile dar, dann ist die Gesamtfederung $s_k'$ gleich der Summe der Einzelfederungen, d. h.

$$s_k' = s_1' + s_2' + s_3' + s_4'.$$

$s_1'''$, $s_2'''$ ... bezeichne den von den Einzelmassen $m_1$, $m_2$ ... unter der Druckwirkung von 1 kg gegenüber $o-o$ zurückgelegten Weg, dann ist

$$s_1''' = 1/2\, s_1' + s_2' + s_3' + s_4'$$
$$s_2''' = 1/2\, s_2' + s_3' + s_4' \qquad \text{usw.}$$

Entsprechend der oben gemachten Annahme sollen alle Masseteilchen unter demselben Druck $P$ stehen. Es müssen dann auch die Federungen der einzelnen Teilchen immer in demselben Verhältnis zueinander bleiben. Man darf demgemäß schreiben[1]):

$$s_1''' = \text{konst}\ s_k' \quad \text{usw.}$$

Setzt man

$$\frac{d^2 s_1}{dt^2} = \frac{s_1'''}{s_k'} \cdot \frac{d^2 s_k}{dt^2}\ ;\quad \frac{d^2 s_2}{dt^2} = \frac{s_2'''}{s_k'} \cdot \frac{d^2 s_k}{dt^2},$$

so wird unter Zugrundelegung der Verhältnisse in Fig. 25:

$$P_c = m_1 \frac{s_1'''}{s_k'} \frac{d^2 s_k}{dt^2} + m_2 \frac{s_2'''}{s_k'} \frac{d^2 s_k}{dt^2} = \frac{1}{s_k'} \left( m_1 s_1''' + m_2 s_2''' \right) \frac{d^2 s_k}{dt^2}.$$

Da nach früherem

$$P_c = M_r \frac{d^2 s_k}{dt^2},$$

ist die »reduzierte Masse« allgemein:

$$M_r = \frac{1}{s_k'} \left( m_1 s_1''' + m_2 s_2''' + \ldots \right).$$

Im folgenden mögen zuerst die Einzelfederungen, dann die Gesamt- und »spezifische Federung«, und schließlich die »reduzierte Masse« berechnet werden.

Man erhält für jeden einzelnen Teil vom Durchmesser $D$ (in cm) und der Länge $l$ (in cm) als Federung (bei einem Druck von 1 kg):

$$s' = \frac{l}{\frac{\pi D^2}{4}} \alpha = \frac{4}{\pi} \alpha \frac{l}{D^2}\ \text{cm} = \frac{4}{\pi} 10\, \alpha \frac{l}{D^2}\ \text{mm}$$

oder unter Weglassung von $\frac{4}{\pi} 10\, \alpha$

$$s'' = \frac{l}{D^2}.$$

Bei Hohlzylindern mit dem Innendurchmesser $D_i$ ist

$$s'' = \frac{l}{D^2 - D_i^2}.$$

Die Fläche $o-o$ des Stückes $Q$, siehe Fig. 11, sehe ich als starr an. Ich berücksichtige deshalb nur die über $o-o$ liegenden Teile.

Weil ich zur Ermittlung der »reduzierten Masse« im folgenden auch die Volumina $v_1$, $v_2$ ... der einzelnen Teile brauche, berechne ich die Einzel-

---

[1]) Die Federungen der einzelnen Stücke bleiben während des Schusses nicht immer im gleichen Verhältnis zueinander, weil ja eigentlich gar nie alle Teilchen unter einem und demselben Druck stehen. Der Druck ist von Massenteilchen zu Massenteilchen um die zur Beschleunigung des vorherigen Massenteilchens erforderliche Kraft verschieden. Das Rechnen mit der konstanten „reduzierten Masse" ist also an sich eine rohe Annäherung.

volumina gleich hier. Es ist $v = \frac{\pi}{4} l D^2$. Der einfacheren Rechnung wegen setze ich
$$v' = l D^2$$
und bei Hohlzylindern:
$$v' = l (D^2 - D_i^2).$$
$v_1'$, $v_2'$ ... stellen daher, mit $\frac{\pi}{4}$ multipliziert, die Einzelvolumina in cm³ dar.

1) Stempel:

Hohlzylindrischer Teil: $l = 2$; $D = 1$; $D_i = 0{,}3$; $D^2 - D_i^2 = 0{,}91$
$$s_1'' = \frac{2}{0{,}91} = 2{,}20; \qquad v_1' = 2 \cdot 0{,}91 = 1{,}82.$$

Hohler konischer Teil: $l = 0{,}5$; $D = 1{,}3$; $D_i = 0{,}3$; $D^2 - D_i^2 = 1{,}6$
$$s_2'' = \frac{0{,}5}{1{,}6} = 0{,}31; \qquad v_2' = 0{,}5 \cdot 1{,}6 = 0{,}8.$$

Hohlzylindrischer Teil: $l = 0{,}4$; $D = 2{,}0$; $D_i = 0{,}3$; $D^2 - D_i^2 = 3{,}91$
$$s_3'' = \frac{0{,}4}{3{,}91} = 0{,}10; \qquad v_3' = 1{,}56.$$

Hohlzylindrischer Teil: $l = 0{,}8$; $D = 2{,}0$; $D_i = 1{,}0$; $D^2 - D_i^2 = 3{,}0$
$$s_4'' = \frac{0{,}8}{3} = 0{,}27; \qquad v_4' = 2{,}4.$$

2) Stück $H$:

Zylindrischer Teil: $l = 1{,}2$; $D = 2{,}2$; $D^2 = 4{,}84$
$$s_5'' = \frac{1{,}2}{4{,}84} = 0{,}25; \qquad v_5' = 5{,}81.$$

Zylindrischer Teil: $l = 0{,}3$; $D = 1{,}8$; $D^2 = 3{,}24$
$$s_6'' = \frac{0{,}3}{3{,}24} = 0{,}09; \qquad v_6' = 0{,}97.$$

Konischer Teil + Kappe von $J$; $l = 0{,}8$; $D = 2{,}7$; $D^2 = 7{,}29$
$$s_7'' = \frac{0{,}8}{7{,}29} = 0{,}11; \qquad v_7' = 5{,}83.$$

3) Stück $J$:

Zylindrischer Teil: $l = 4{,}0$; $D = 3{,}0$; $D^2 = 9{,}0$
$$s_8'' = \frac{4{,}0}{9{,}0} = 0{,}44; \qquad v_8' = 36{,}00.$$

Scheibe (auch auf Biegung beansprucht): $l = 1{,}3$; $D = 8{,}0$; $D^2 = 64$
$$s_9'' = 1{,}3 : 64 = 0{,}02 \text{ (zu klein)}; \qquad v_9' = 83{,}2.$$

Führungsring (ohne Belastung): $l = 2{,}5$; $D = 8{,}0$; $D_i = 7{,}4$; $D^2 - D_i^2 = 9{,}24$
$$v_{10}' = 23{,}1.$$

4) Stück $K + L$; $l = 1{,}5$; $D = 8{,}0$; $D^2 = 64$
$$s_{11}'' = 1{,}5 : 64 = 0{,}0234; \qquad v_{11}' = 96.$$

5) Stück $O$:

Oberer Teil: $l = 11{,}7$; $D = 8{,}0$; $D^2 = 64$
$$s_{12}'' = 11{,}7 : 64 = 0{,}183; \qquad v_{12}' = 748{,}8.$$

Unterer Teil + $P$ (Kern) + $Q$ (Ansatz): $l = 3{,}0$; $D = 3{,}0$; $D^2 = 9{,}0$
$$s_{13}'' = 3{,}0 : 9{,}0 = 0{,}33; \qquad v_{13}' = 27{,}0.$$

6) Stück $P$:

Ring von $P$ (unbelastet): $l = 0,7$; $D = 4,0$; $D_i = 3,0$; $D^2 - D_i^2 = 7,0$

$$v_{14}' = 4,9.$$

Für die Eisenteile erhalte ich somit als »spezifische Federung«:

$$s_e' = \frac{\pi}{4} \alpha\, 10\, (s_1' + s_2' + \ldots + s_{13}') = \frac{\pi}{4} \alpha\, 10 \cdot 4{,}33 = 0{,}000\,016 \text{ mm}.$$

Für die Glaslinsen erhält man als Federung $s_g'$ mit $l = 6$; $D = 7$; $D^2 = 49$; $\alpha_g = \dfrac{1}{768\,000}$

$$s_g' = \frac{\pi}{4} \alpha_g\, 10 \cdot 6 : 49 = 0{,}000\,001\,25 \text{ mm}.$$

Bei der Berechnung der Federung der Glaslinsen ist hauptsächlich die Zusammendrückung an ihrer Berührungstelle zu ermitteln.

Berechnet man die Linsenzusammendrückung nach der Hertzschen Gleichung

$$\frac{\delta}{2} = 1{,}55 \sqrt[3]{\frac{P^2 \alpha^2}{r}},$$

worin

$\dfrac{\delta}{2}$ die Annäherung (in cm) der Mittelpunkte zweier gleicher Kugeln,

$r$ deren Halbmesser in cm,

$\alpha$ den Dehnungskoeffizienten des Kugelmateriales im vorliegenden Falle des Linsenglases,

$P$ die senkrecht zur Berührungsfläche wirkende Kraft in kg

darstellt, dann ergibt sich die Federung mit $r = 7200$ cm und $\alpha_g = 1 : 768\,000$ zu

$$s_h = 1{,}55 \sqrt[3]{\frac{\alpha^2}{r}}\, 10\, P^{2/3} = 0{,}000\,096\, P^{2/3} \text{ mm}.$$

Es ist zu beachten, daß sich die Federung $s_h$ proportional $P^{2/3}$ ändert. Wie aus Fig. 26 zu ersehen, kann man die spezifische Federung für den Bereich der im vorliegenden Fall vorkommenden Drücke konstant setzen, wenn man

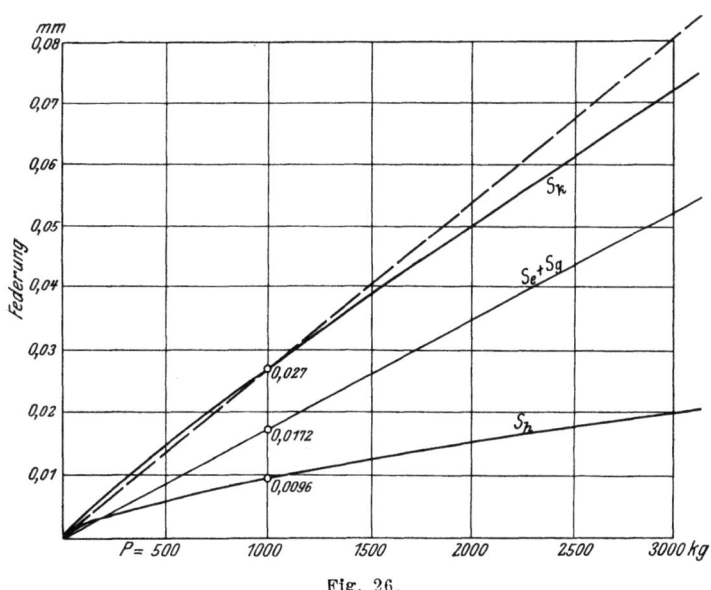

Fig. 26.

$\frac{\delta}{2}$ für $P = 1000$ kg bestimmt (siehe die gestrichelte Linie in Fig. 26) und hierfür die spezifische Federung ermittelt.

Es wird dann
$$s_h'' = 0{,}000\,009\,6 \text{ mm}$$

und die Gesamtfederung
$$s_k' = s_e' + s_y' + s_h'' = 0{,}000\,016 + 0{,}000\,001\,2 + 0{,}000\,009\,6 = 0{,}000\,027 \text{ mm}\,^1),$$

d. h. bei einem Druck von 1000 kg geht der Kolben um
$$1000 \cdot 0{,}000\,027 \text{ mm} = \infty\ 0{,}03 \text{ mm}$$
zurück.

Berechnung der reduzierten Masse: Nach der Gleichung auf S. 31 wird die reduzierte Masse dargestellt durch eine Beziehung der Form:
$$M_r = \frac{1}{s_k'}(m_1\,s_1''' + m_2\,s_2''' + \ldots).$$

Die Einzelmassen sind aus den Volumina der einzelnen Teile zu berechnen.

Die Größe $v_1'$ usw. hat man mit $\frac{\pi}{4}$ zu multiplizieren, um das Volumen in ccm zu erhalten. Durch Multiplikation mit dem spezifischen Gewicht $\gamma$ und Division durch die Fallbeschleunigung $g$ ergibt sich die Masse.

Es ist demnach
$$m_1 = \frac{\pi}{4}\,\frac{\gamma}{g}\,v_1' \text{ usw.}$$

$s_k'$ kann man durch Teilung mit $\frac{\pi}{4}\,a\,10$ auf die Einheit erweitern, in denen die $s_1''$ usw. auf S. 32 u. f. berechnet sind.

Ich schreibe:
$$s_k'' = \frac{4 \cdot 10}{\pi\,a\,10}\,s_k' = 270\,000\,s_k' = 7{,}29.$$

$s_1'''\ldots$, siehe S. 31, kann man bequemer berechnen in der Form:
$$s_1''' = s_k'' - {}^1\!/_2\,s_1'$$
$$s_2''' = s_k'' - s_1' - {}^1\!/_2\,s_2' \text{ usw.}$$

Im folgenden bilde ich, soweit es sich um Eisen handelt, die Größen $m_1\,s_1'''\ldots$, schreibe aber, indem ich die Faktoren erweitert einsetze:
$$a_1 = (s_k'' - {}^1\!/_2\,s_1'')\,v_1' \text{ usw.}$$
und addiere sie. Die Summe $a_s$ multipliziere ich mit
$$\frac{1}{s_k'}\,\frac{\pi}{4}\,\frac{\gamma}{g}\,.$$

Man erhält sodann den vom Eisen herrührenden Teil der reduzierten Masse. Von der oberen Glaslinse bestimme ich den Anteil besonders.

Es ist:
$$a_1 = (s_k'' - {}^1\!/_2\,s_1'')\,v_1 = (7{,}30 - 1{,}10) \cdot 1{,}82 = 11{,}3$$
$$a_2 = (s_k'' - s_1'' - {}^1\!/_2\,s_2'')\,v_2 = (7{,}30 - 2{,}35) \cdot 0{,}8 = 3{,}96$$
$$a_3 = (s_k'' - s_1'' - \ldots {}^1\!/_2\,s_3'')\,v_3 = (7{,}30 - 2{,}56) \cdot 1{,}56 = 7{,}40$$

---

[1] Weil mir die Zeit nicht reichte, die Glaslinsen durch sorgfältiges Ebenschleifen und Polieren satt auf ihre Unterlagen passen zu lassen, habe ich die Linsen mit dünnem hartem Papier unterlegt. Um dieses zu verdichten, wurde der Indikator vor der Ausführung der Versuche hoch belastet. Den hierdurch entstandenen Fehler glaube ich vernachlässigen zu dürfen, zumal da ich die Glasfederung reichlich hoch eingesetzt habe.

$$a_4 = (s_k'' - \ldots - \tfrac{1}{2} s_4'') v_4 = (7,30 - 2,74) \cdot 2,4 = 10,9$$
$$a_5 = (s_k'' - \ldots - \tfrac{1}{2} s_5'') v_5 = (7,30 - 3,00) \cdot 5,31 = 25,0$$
$$a_6 = (s_k'' - \ldots - \tfrac{1}{2} s_6'') v_6 = (7,30 - 3,17) \cdot 0,97 = 4,0$$
$$a_7 = (s_k'' - \ldots - \tfrac{1}{2} s_7'') v_7 = (7,30 - 3,27) \cdot 5,83 = 23,5$$
$$a_8 = (s_k'' - \ldots - \tfrac{1}{2} s_8'') v_8 = (7,30 - 3,55) \cdot 36 = 135$$
$$a_9 = (s_k'' - \ldots - \tfrac{1}{2} s_9'') (v_9 + v_{10}) = (7,30 - 3,78) \cdot (83,2 + 23,1)$$
$$= 3,52 \cdot 106,3 = 373$$
$$a_{11} = (s_k'' - \ldots - \tfrac{1}{2} s_{11}'') v_{11} = (7,30 - 3,80) \cdot 96 = 336.$$

Es ist
$$a_1 + a_2 \ldots + a_{11} = 930.$$
Somit wird
$$M_e = \frac{1}{s_k''} \frac{\pi}{4} \frac{\gamma}{g} 930 = 79,5 \, g.$$

Für das Glas (d. h. die obere Linse) bekomme ich mit $\gamma = 2,6$, $l = 3$, $D = 7$ als Masse:
$$m_g = \frac{\pi}{4} D^2 l \frac{\gamma}{g} = 30,6 \, g.$$

Die Federung unterscheidet sich von der des Stückes $K + L$ sehr wenig. Ich muß von der letzteren $\tfrac{1}{4} s_g'$, siehe S. 33, abziehen, nachdem ich es durch Multiplikation mit
$$\frac{4 \cdot 10}{\pi a\, 10} = 270\,000$$
auf dieselbe Dimension gebracht habe, wie zuvor die Größe $s_k'$.

Es ist
$$\tfrac{1}{4} s_g' = \tfrac{1}{4} \cdot 270\,000 \cdot 0{,}000\,001\,25 = 0{,}0845,$$
somit
$$M_g = \frac{1}{s_k''} (s_k'' - s_1'' - \ldots - s_{11}'' - \tfrac{1}{4} s_g') = \frac{1}{7,3} (7,30 - 3,89) \cdot 30,6 = 14,3 \, g.$$

Für die »reduzierte Masse« erhält man:
$$M_r = M_e + M_g = 79,5 + 14,3 = 94 \, g.$$

Bei der Einsetzung der Werte von $M_r$ und $s_k'$ ist zu berücksichtigen, daß $M_r$ nur dann einen Druck in g angibt, wenn es mit einer Beschleunigung multipliziert ist, die selbst in m/sk$^{-2}$ ausgedrückt ist.

Wenn, wie z. B. in den Fig. 28a und b die Koordinatenmaßstäbe so gewählt sind, daß der Abszisse von 1 dm $^1/_{1000}$ sk, der Ordinate von 1 dm ein Stempeldruck von 1000 kg entspricht, dann entspricht die Neigung $a_P$ der Druckkurven einer Druckänderung von
$$\frac{dP}{dt} = 1000 \cdot 1000 \, a_P \, \text{kg/sk}$$
und einer Geschwindigkeit der Kolbeninnenfläche von
$$v_k = \frac{d s_k}{dt} = \frac{1000 \, s_k'}{1 : 1000} a_P \, \text{mm/sk} = s_k' \, 1000 \, a_P \, \text{m/sk}$$
$$v_k = 0{,}027 \, a_P \, \text{m/sk}.$$

Stellt man die Einheit der Neigung $a_P$ der Druckkurven durch eine Ordinate von 1 cm dar, dann liefert die Neigung $a_V$ der Differentiallinie, d. h. der $a_P$-Linie, die Kolbenbeschleunigungen. Einer Ordinate von 1 dm entspricht 0,27 m/sk, einer Abszisse von 1 dm entspricht 1 : 1000 sk, somit ergibt die Differentiallinie Beschleunigungen der inneren Kolbenfläche von

$$\frac{d^2 s_k}{dt^2} = 1000 \cdot 0{,}27 \, a_V \, \text{m/sk}^{-2}$$

und zusätzliche Korrektionskräfte $P_c$

$$P_c = M_r \frac{d^2 s_k}{dt^2} = 0{,}094 \cdot 1000 \cdot 0{,}27 \, a_V \, \text{kg} = 25{,}4 \, a_V \, \text{kg}.$$

Der Maßstab der Linie der $dP:dt$ oder der Geschwindigkeitslinie der Kolbeninnenfläche wird bei schroffen Druckänderungen natürlich zweckentsprechend kleiner gewählt, so daß etwa die Neigung $a_P$ der Drucklinie durch eine Ordinate von 1 mm dargestellt wird. Die zusätzliche Korrektionskraft bestimmt sich dann zu

$$P_c = 254 \, a_V \, \text{kg}.$$

Soviel ersieht man unmittelbar aus den vorstehenden Ableitungen, daß die Korrektionen proportional $M_r$ und $s_k'$ sind. Demnach handelt es sich bei einem Indikator für sehr rasche Druckänderungen darum,

$$M_r s_k'$$

möglichst klein zu machen.

Im vorliegenden Fall ist

$$M_r s_k' = 0{,}094 \cdot 0{,}000027 = 25{,}4 \cdot 10^{-7} \, \text{kgmm}.$$

Die Bedeutung dieser Größe ist am besten an einigen aufgenommenen Diagrammen zu erkennen.

Außer den eben untersuchten Korrektionen treten noch verschiedene Wirkungen als Fehlerquellen auf, die sich einer genauen Berechnung entziehen, z. B. Schwingungen der Unterlagen usw.

### Einige Versuche und deren Diskussion.

Es wurden zuerst Versuche genau mit der in Fig. 11 bis 16 dargestellten Vorrichtung ausgeführt. Der Schuß unterscheidet sich hierbei in seinem Verlauf und seiner Wirkung wesentlich von dem Schuß aus einer normalen Patrone. Bei der elektrischen Zündung brennen zuerst die dem Zünder zunächst liegenden Pulverplättchen an. Wenn sie stark in Flammen stehen, geraten erst die entfernteren zur Entzündung.

Bei der Zündung durch Zündhütchen werden nahezu alle Pulverteilchen gleichzeitig oberflächlich entzündet und brennen sodann ziemlich gleichmäßig von außen nach innen fortschreitend ab.

Da es jedoch bei den ersten Versuchen nur darauf ankam, die Brauchbarkeit des Apparates zu prüfen, eigneten sich die Schießversuche mit elektrischer Zündung recht gut. Die minutliche Umlaufzahl von 1620, entsprechend einer Filmgeschwindigkeit von etwa 11 m, zeigte sich als gerade genügend, um noch deutliche Diagramme zu erhalten. Bei Schwingungen im Gasdruck ist es jedoch angebracht, höhere Geschwindigkeiten anzuwenden.

In Fig. 27a bis c sind einige der ersten Aufnahmen abgebildet. Bei a, b und c war wegen der gegenüber Fig. 21 etwas vereinfachten Zündschaltung der Film länger belichtet worden, als eine einmalige Umdrehung dauert. Das Diagramm ist aber trotzdem leidlich gut zu verfolgen.

An den Bildern erkennt man, daß der Charakter der Kurve auch bei einem sehr schroffen Ansteigen selbst an den einzelnen Interferenzstreifen deutlich ausgeprägt ist.

Aus der Gedecktheit der Filme kann man schließen, daß man die Geschwindigkeit ohne weiteres hätte auf das 10 fache steigern können, da erfahrungsgemäß eine photographische Platte durch geeignete Verstärkungsmittel, z. B. die Uranverstärkung, noch brauchbar erhalten wird, wenn man die Belichtungszeit nur gleich dem zehnten Teil von derjenigen macht, die mit gewöhnlicher Entwicklung eine gute Platte liefert; und hierbei ist besonders hervorzuheben, daß bei der Aufnahme der ersten Diagramme auf die Verwendung der Zylinderlinsen $Z_1$ und $Z_2$ verzichtet wurde. Die Brennweiten der in der Eile beschafften Linsen standen nicht im richtigen Verhältnis zueinander und hatten deswegen keine Lichtverstärkung bewirkt.

In den Fig. 28a bis c sind einige Diagramme ausgewertet.

Die Versuche hatten damit begonnen, daß die Zündpillen offen an die Kontaktvorrichtung Fig. 21 angeschlossen und mit verschieden starkem Strom abgebrannt wurden. Es zeigte sich, daß ein geringerer als der Kurzschlußstrom zum sicheren Zünden genügte. Das Pulver nur mittels Glühdrahtes zu zünden, gelang nicht, selbst wenn der mitten im Pulver liegende Draht vollständig zerspritzte. Brachte man die Zündpillen rechts vor den Verschluß, siehe Fig. 21, und sah von links durch den Verschluß nach innen, dann konnte man, wenn die Kontaktfedern richtig eingestellt waren, das Aufflammen der Zündmasse während der kurzen Oeffnungszeit beobachten.

Bei den ersten Schießversuchen wurde aber trotzdem kein Diagramm erhalten, auch wenn die Zündungsfeder beträchtlich vor- oder zurückgeschoben wurde[1]). Erst als die umlaufende Scheibe weggenommen und damit auf ein nur einmaliges Umlaufen der Ringe verzichtet wurde, erhielt ich das erste Diagramm. Ich fand, daß die Zeit, die zwischen der Zündung und dem merkbaren Ansteigen des Gasdruckes verstrich, wesentlich größer war, als ich je vorher für möglich gehalten hätte. Es handelte sich der Größenordnung nach um etwa $1/10$ Sekunde. Es reichte leider wiederum die Zeit nicht mehr, die Zündung so umzubauen, daß der Zündungsstromkreis durch einen ganz beliebig auslösbaren Schnappschalter betätigt wird. Wenn ich als Strombrücke die Berührung zwischen Anker und Magnetkern benutzte, siehe Fig. 21, öffnete der Verschluß zu spät.

Für das Verhalten des Pulvers sind 2 mißglückte Versuche bemerkenswert.

1. Versuch: Abbrennen einer mit normaler Ladung gefüllten Patrone ohne Geschoß. Der Pulverraum war durch ein Pappdeckelplättchen abgeschlossen.

Beim Zünden wurde das Pulver aus dem Lauf geschleudert und fiel im Versuchsraum größtenteils unverbrannt herunter. Auf dem Film war nicht die geringste Druckwirkung zu bemerken.

2. Versuch: Die statt mit 2,9 g mit 1,0 g gefüllte Patrone sollte durch die über das Pulver nur etwa 1 cm weit hinausragende Zündpille gezündet werden.

Das Pulver brannte aber nicht ab.

Versuche mit Zündsatz: Ich hatte versucht, festzustellen, ob ein merklicher Einfluß auf den Höchstgasdruck und die Verbrennungsgeschwindigkeit ausgeübt wird, wenn man um die Zündpille eine Papiertüte mit einem Inhalt von 0,03 g losem Zündsatz wickelt.

---

[1]) Die Anordnung war zuerst nicht so gewesen, daß der Stromkreis 1—1, Fig. 21, durch die Berührung von Anker $A$ und Magnet $M$ geschlossen wurde, sondern der Stromschluß erfolgte erst, wenn das Blech $O$ in seine Endstellung geschnellt war. Es war hierbei aber die Zündung viel zu spät erfolgt.

Bei den ersten Versuchen war keine Zündung eingetreten, weil der Zündstrom seinen Weg durch den gut leitenden Zündsatz genommen hatte. Es wurde deshalb beim folgenden Versuch zunächst die Zündpille mit einem dünnen Papier umwickelt und über dieses Papier eine Stannioltüte mit Zündsatz geschoben.

Der Verlauf des Gasdruckes unterschied sich von dem ohne Zündsatz jedoch nicht merkbar. Der Höchstwert des Druckes ließ sich nicht genau ermitteln. Es wurde daher auf weitere Versuche mit losem Zündsatz verzichtet, besonders auch weil sich die Verhältnisse bei der normalen Patrone mit Zündkapsel und eingepreßtem Zündsatz von der vorliegenden Anordnung wesentlich unterscheiden.

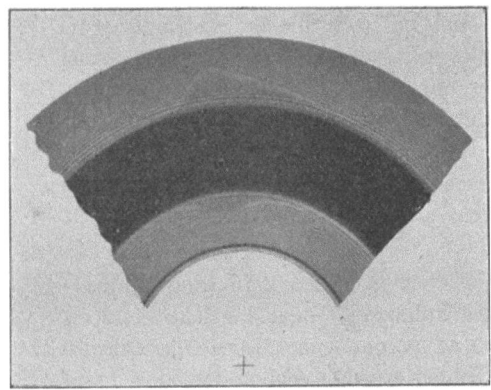
Fig. 27a.

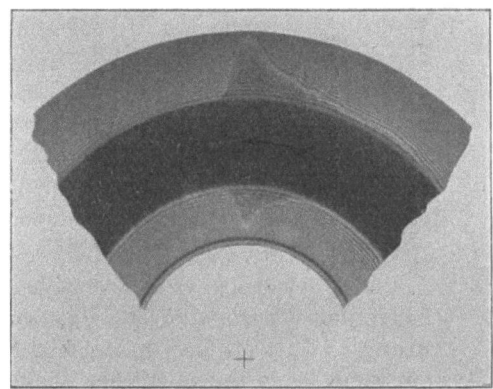
Fig. 27b.

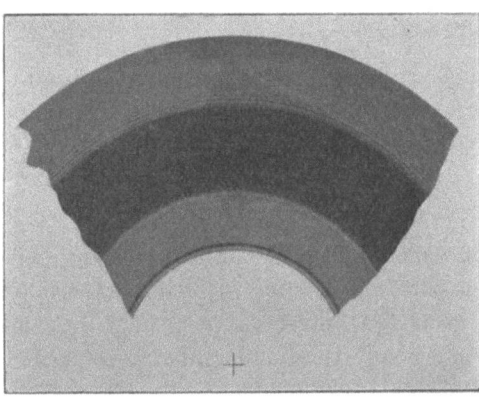
Fig. 27c.

Maßstab 1 : 3.

Schuß, Fig. 27a: Ladung: 2,0 g; Umlaufzahl des Filmes: 1620. In Fig. 28a ist das Diagramm ausgewertet. Die Linie der Ringdurchmesser $d$ ist dünn gezeichnet, die der unmittelbaren Drücke stark und die der berichtigten Drücke stark gestrichelt eingetragen. Die Linie der Kolbengeschwindigkeiten ist graphisch aus der $P$-Linie ermittelt. Eine Ordinate von 1 cm stellt unmittelbar eine Neigung der $P$-Linie von $a_P = 1$ und somit eine Kolbengeschwindigkeit von

$$v_k' = 0{,}027 \text{ m/sk dar.}$$

Die Neigung der $a_P$-Linie liefert mit 25,4 multipliziert, die Berichtigungsdrücke $P_c$, siehe S. 36.

Im Scheitel ist $P_c = -35$ kg.

Man erhält demnach als Höchstgasdruck:
$$P_{max} = 825 - 35 \text{ kg} = 790 \text{ kg}.$$
oder, in at ausgedrückt,
$$P_{max}' = \frac{4}{\pi} 790 \text{ at} = \infty\ 1000 \text{ at}.$$

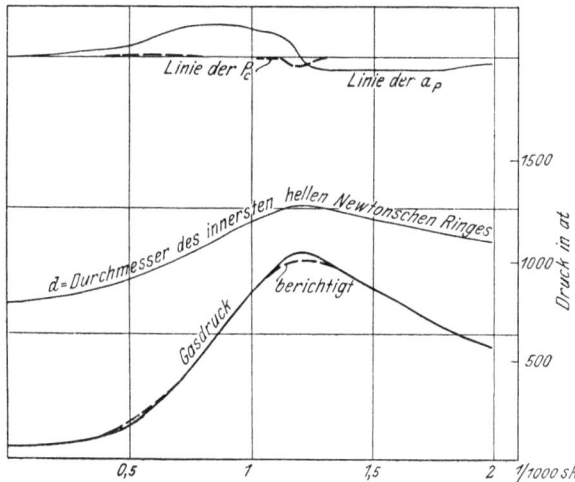

Fig. 28 a.

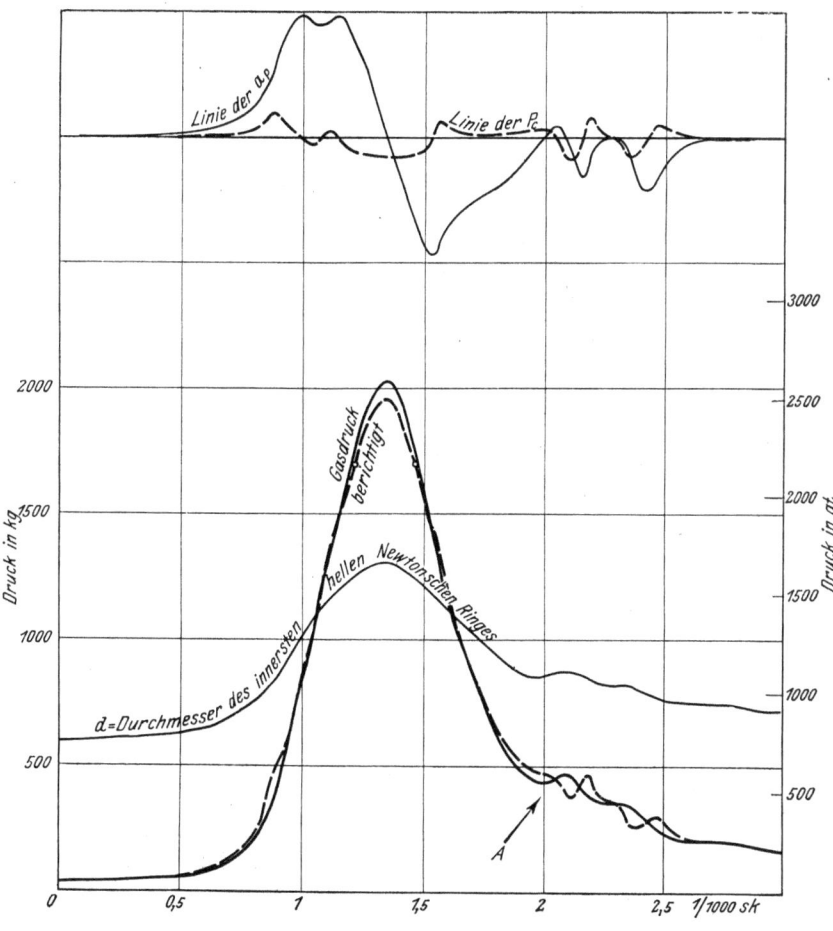

Fig. 28 c.

Schuß, Fig. 27 b: Ladung: 2,9 g. Umlaufzahl des Filmes 1650. Die Zündung erfolgte abweichend von der sonst üblichen Anordnung unmittelbar hinter dem Geschoß. In Fig. 28 b ist entsprechend wie zuvor das Diagramm ausgewertet. An diesem Schuß fällt der äußerst unruhige Verlauf des Gasdruckes auf. Bei den zahlreichen Vorversuchen mit derselben Ladung, aber normaler

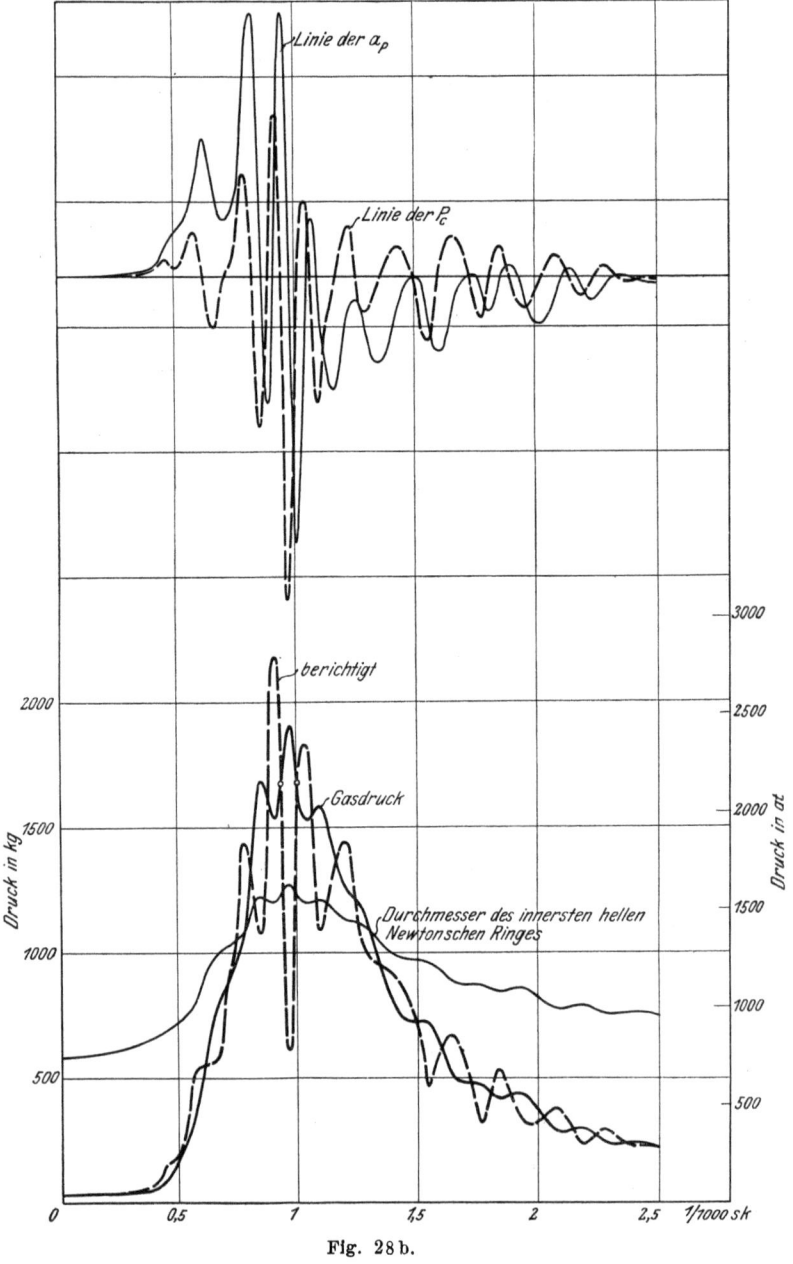

Fig. 28 b.

Zündweise (am Patronenboden) wurde nie ein solch schwankender Druckverlauf beobachtet, wie im vorliegenden Falle.

Beachtenswert ist die Aenderung der Schwingungsdauer. Zur Zeit des höchsten Gasdruckes beträgt sie $\infty$ 0,00012 sk und verlängert sich dann zu $\infty$ 0,00020 sk nach Austritt des Geschosses.

Ich halte die Schwingungen weniger für Erzitterungen der zusammengedrückten Teile, als für Schwankungen des Gasdruckes selbst, weil sie von Anfang an sehr scharf auftreten.

Beim Schuß Fig. 27b wurden die Berichtigungen ebenfalls graphisch ermittelt. Die Genauigkeit der ermittelten Berichtigungen ist jedoch gering. Sie sind so groß, daß das Rechnen mit der »reduzierten Masse«, vergl. S. 31, eigentlich vollkommen unzulässig ist. Außerdem ist die Umlaufzahl des Filmes zu klein und deshalb das Abstechen des Diagrammes unsicher.

Für den Scheitel habe ich die Berichtigung unter der Annahme rechnerisch bestimmt, daß der Scheitel einer Sinuslinie angehöre.

Bei dieser »harmonischen Schwingung« ist die Beschleunigung im Scheitel

$$p_s = \frac{h_s \pi^2}{t_s^2} \text{ in msk}^{-2},$$

wenn $h_s$ die Amplitude in m,
$t_s$ die Schwingungsdauer in sk ist.

Im vorliegenden Fall ist im Diagramm die Höhe der zur Berechnung benutzten nächsten Druckwelle (siehe die beiden Kreisringchen)

$$h = 7{,}3 \text{ mm}, \quad \text{die Dauer } t = 2{,}2 \text{ mm},$$

es ist also unter Berücksichtigung des Druck- bezw. Federung- und Zeitmaßstabes

$$h_s = 7{,}3 \cdot 30 \cdot 0{,}000\,027 : 1000 \text{ m}$$
$$t_s = 0{,}000\,065 \text{ sk}.$$

Die Beschleunigung ist demnach

$$p_s = 13\,850 \text{ msk}^{-2}$$

und die Berichtigung, da $M_r = 0{,}094$ kg, $P_c = \infty\, 1300$ kg. Der Höchstdruck wird ungefähr 2300 kg, entsprechend

$$P_{\max}' = 2750 \text{ at.}$$

Schuß, Fig. 27c: Ladung: 2,9 g. Zündung am Patronenboden, Umlaufzahl des Filmes 1620. Die Druckschwankungen sind im Vergleich mit Schuß Fig. 27b sehr gering[1]). Die Berichtigung ist für den Höchstdruck klein. ($P_{\max}'$ = 2580 − 90 = $\infty$ 2500 kg.) In der Gegend des mutmaßlichen Geschoßaustrittes (mit $A$ bezeichnet) treten stärkere Schwankungen auf. Diese werden zu einem großen Teile von elastischen Vibrationen der Druckstücke herrühren. Außerdem können Klemmungen des Stempels ihre Wirkung äußern, weil bei jedem Schuß einesteils die Stempelinnenseite hoch erwärmt wird, andernteils Pulverrückstände zwischen Stempel und seine Führung geblasen werden.

Vergleichsversuche mit Kupferquetschkörpern: Der zu den Indizierversuchen benutzte Lauf samt Verschluß und Stempel wurde zu den Vergleichsversuchen mit Kupferquetschkörpern wieder verwendet, so daß die Verbrennungsverhältnisse des Pulvers in beiden Fällen dieselben waren. Aus der Fig. 29 und Photographie 30 sind die konstruktiven Einzelheiten und die Aufstellung beim Schuß zu ersehen.

Auf den Stempel $D$ ist ein gehärtetes Stahlplättchen $F$ aufgesetzt, das den Gasdruck auf den Kupferzylinder $K$ überträgt, der in dem Stück $G$ durch einen nicht gezeichneten Gummiring zentriert ist. Das Stück $H$ dient einerseits zum Zurückhalten des Kupferzylinders samt Stempel, andererseits überträgt es den

---

[1]) Es ist denkbar, daß diese Schwankungen unmittelbar nach dem Eintreten des Geschosses in die Züge wegen der plötzlichen Abnahme der Reibung entstehen.

Druck des Kupferzylinders $K$ durch das Stahlplättchen $J$ unmittelbar auf die gußeiserne schwere Unterlage, Fig. 30.

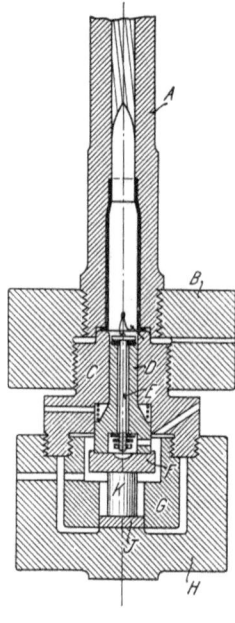

Fig. 29.

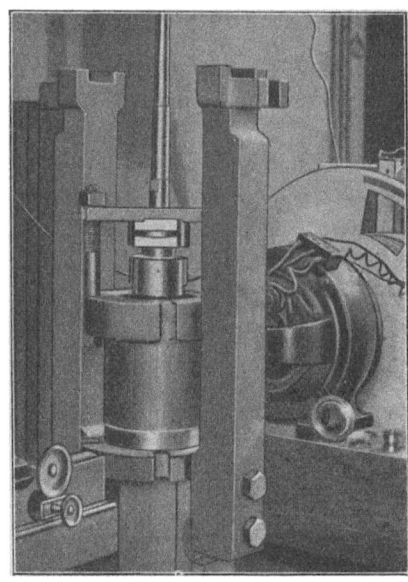

Fig. 30.

Im Folgenden sind einige Messungen mit Kupferzylindern (10 mm Dmr. und 15 mm Höhe) zusammengestellt. Die Kupferzylinder sind statisch geeicht worden bei einer Belastungsdauer von 30 sk.

Ohne Zündsatz.

| Versuch Nr. | Ladung g | Zündung | Stauchung mm[1]) | entsprechender Gasdruck kg/qcm | berichtigte Angabe des Indikators kg/qcm |
|---|---|---|---|---|---|
| 1 | 2,9 | am Geschoß | 1,378 | 2020 | 2750[2]) |
| 2 | 2,9 | hinten | 1,864 | 2450 | 2500 |
| 3 | 2,0 | hinten | 0,305 | 840 | 1000 |

Mit 0,03 g Zündsatz.

| | | | | | |
|---|---|---|---|---|---|
| 4 | 2,9 | hinten | 1,951 | 2520 | — |
| 5 | 2,0 | hinten | 0,394 | 960 | — |

[1]) Man beachte die großen Wege.
[2]) Dieser mit der „reduzierten Masse" ermittelte Wert ist zu hoch.

Es zeigt sich, daß die Angabe der Kupferzylinder im allgemeinen nicht mit der des Indikators übereinstimmt. Man darf sich daher von weiteren vergleichenden Untersuchungen dieser Art wichtige Aufschlüsse über das Verhalten der Kupferquetschkörper unter Berücksichtigung des Verlaufes des Gasdruckes versprechen.

## Ueber die Fehlerquellen und die zu erwartende Genauigkeit der Diagramme.

Gehe ich von den Operationen aus, die beim Auswerten eines Indikatordiagrammes gemacht werden und sehe ich mir jede darauf an, zu welchen Einwänden gegen das erhaltene Ergebnis sie berechtigt, so finde ich Folgendes:

Bei der Messung der Zeiten aus der Filmgeschwindigkeit kann das Tachometer, auch wenn es vorher und nachher geeicht ist, gleiten, wenn man nicht für eine starre Mitnahme durch die die Filmscheibe tragende Welle sorgt.

Weiterhin kann das auf den Film geworfene schmale Lichtbild nicht genau radial stehen und dazu führen, daß man beim Abstechen der Streifen-Abstände grobe Fehler macht.

Ein (zwar sehr geringer) Fehler entsteht dadurch, daß die Luft zwischen den Linsen wegen der großen Beschleunigungskräfte bei der Kompression, d. h. der Annäherung der Linsen verdichtet und während der Expansion verdünnt wird. Es ändern sich hierbei die Lichtgeschwindigkeiten, wodurch die Ringe eine geringe Verschiebung nach außen oder innen erleiden.

Ein Herauswandern des Mittelpunktes der Linsenberührungsfläche aus der Mitte nach den Seiten hin (in der Richtung senkrecht zu den Schlitzen des Stückes $O$, Fig. 15) bewirkt eine zu geringe Druckablesung, macht sich aber gleichzeitig an dem Unscharfwerden des Diagrammes bemerkbar.

Es können die bewegten Teile, besonders der Stempel, sich klemmen, wenn sie nicht vor jedem Versuch geprüft werden. Bei den Anordnungen mit eingeschliffenem Stempel ist damit zu rechnen, daß Pulvergase in den Raum zwischen dem Stempel und seiner Wand geblasen werden, deren Rückstände eine unkontrollierbare Stempelreibung erzeugen.

Die Genauigkeit der erhaltenen Diagramme läßt sich auf Grund der Kenntnis der verschiedenen vorhandenen Fehlerquellen ermitteln.

Die Mitte der Striche ist mit einer Genauigkeit von $\infty\ ^1/_{10}$ mm zu bestimmen, wenn der Abstand zwischen dunklem und dunklem Streifen etwa 1,5 mm beträgt. Bei einem Höchstdruck von 2500 kg entspricht diese Ungenauigkeit (da nach S. 26 die Durchmesser bei 2250 kg 67,1 mm und bei 2500 kg 69,0 mm sind) einem Druck von

$$\pm (2500 - 2250) \cdot 0{,}10 : (69 - 67{,}1)\ \text{kg} = \pm 13\ \text{kg}.$$

Ein weiterer Fehler entsteht infolge der Unsicherheit in der Bestimmung der Eichungslinie. Für den Druck von 2500 kg erhalte ich als wahrscheinlichen Fehler in der Größe der Ringdurchmesser 0,35 mm, d. h. in der Größe des Druckes $\pm 46$ kg. Die bei dem genannten Druck auftretende größte Abweichung von 0,5 mm entspricht einem Drucke von 66 kg. Die beiden Fehler ergeben zusammen 80 kg größte Druckabweichung, entsprechend 3,2 vH des Höchstdruckes. Der wahrscheinliche Fehler ist geringer. Dieser Betrag läßt sich durch die Vervollkommnung des Apparates und größere Uebung in der Ausführung der Versuche wesentlich vermindern. Man hat zu berücksichtigen, daß die Eichungslinie, Fig. 23, mit Hülfe eines gewöhnlichen Zeichenmaßstabes bestimmt worden ist.

Die Fehler, die bei der Bestimmung der Berichtigungen gemacht werden können und sich aus der unrichtigen Ermittlung der reduzierten Masse und der verschiedenen Federungen sowie den zeichnerischen Ungenauigkeiten beim Konstruieren der $P_c$-Linie ergeben, beeinträchtigen das Ergebnis wenig, solange die anzubringenden Berichtigungsgrößen im Vergleich zu den jeweiligen Drücken nicht groß sind. Bei der Bestimmung der spezifischen Federung zur Ermittlung der Berichtigungskonstanten ist es nicht zulässig, sich mit den berechneten Einzelfederungen ohne Berücksichtigung der Trennfugen begnügen zu wollen. Man hat vielmehr experimentell die Einzelfederungen $s_a$, $s_b$ usw., siehe Fig. 31, zu ermitteln. Bei diesem Vorgehen werden gleichzeitig die einzelnen Fugen

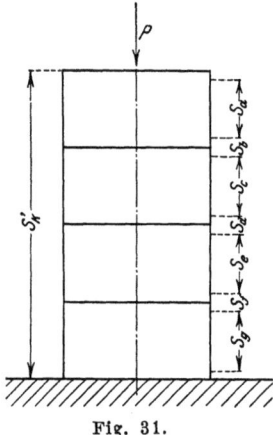

Fig. 31.

auf dichtes Zusammenpassen kontrolliert. Werden die Berichtigungen größer, dann wird das Rechnen mit der reduzierten Masse, siehe S. 37, so wie so schon mehr und mehr unrichtig. In diesem Falle müßte man bei der Bestimmung der Berichtigungen notwendigerweise die Longitudinalschwingungen der Druckstücke berücksichtigen.

Im übrigen ist die Fläche $o$—$o$ im Stück $Q$, siehe Fig. 11, nicht, wie S. 30 geschehen, als starr anzunehmen. Sie wird sich auch etwas nach unten bewegen.

Das gesamte eiserne Unterteil im Gewicht von etwa 100 kg saß bei den im früheren beschriebenen Versuchen auf einem Holzbock, siehe Fig. 10. Nimmt man an, es wäre nicht unterstützt, dann würde es sich nach der Beziehung auf S. 5 während des Schusses um $s_u$ mm nach unten bewegen, wobei wäre:

$$s_u = 750 \cdot \frac{11{,}5}{100\,000} \text{ mm} = 0{,}086 \text{ mm} = \infty\, 0{,}1 \text{ mm}.$$

Es ist nicht anzunehmen, daß die Federung $s_k'$, s. S. 34 deshalb wesentlich vergrößert wird. Das Geschoß wird kaum 1 : 10 der Lauflänge und die Fläche $o$—$o$ kaum 0,01 mm zurücklegen, bis der Höchstdruck auftritt. Nachher ist die Gasdrucklinie sowieso schon wegen der höheren Stempelreibung, der Erschütterung des ganzen Apparates usw. ungenauer.


### Ueber die bei späteren Ausführungen mögliche Vervollkommnung des optischen Interferenzindikators auf Grund der bisherigen theoretischen und experimentellen Ergebnisse.

Bestimmung des Geschoßaustrittes aus dem Lauf: Bei keinem der Diagramme sieht man den Augenblick, wo das Geschoß den Lauf verläßt, durch ein etwa sehr plötzliches Abnehmen des Druckes auf null hervorgehoben. Es mögen im Folgenden die Verhältnisse rechnerisch angenähert untersucht werden.

Nehme ich an, daß die Expansion nach der adiabatischen Linie erfolge, dann kann man schreiben, wenn $p$ den Druck und $V$ das Gasvolumen bezeichnet,

$$p\, V^{1{,}4} = C_1.$$

Ferner gilt allgemein

$$P = m \frac{d^2 s}{d t^2},$$

wenn $m$ die Geschoßmasse, $s$ seinen Weg und $P$ den Druck auf den Geschoßboden, abzüglich der Geschoßreibung, darstellt. Das Volumen $V$ ist proportional $s$, wenn man unter $s$ die Entfernung des Geschoßbodens vom Patronenboden versteht; ferner ist, wenn $d_l$ den Laufdurchmesser bezeichnet,

$$P = \frac{\pi \, d_l^2}{4} p,$$

also

$$P \, s^{1,4} = C_1.$$

Eliminiert man

$$s = \frac{C_2}{P^{0,715}},$$

so wird

$$\frac{d^2 s}{d t^2} = C_3 \, P^{-2,715} \frac{d^2 P}{d t^2}$$

und

$$P^{3,715} = m \, C_3 \frac{d^2 P}{d t^2}.$$

Führt man

$$P^I = \frac{d P^I}{d t}$$

ein, dann erhält man

$$\text{mit } \frac{d^2 P}{d t^2} = P^I \frac{d P^I}{d P}$$

$$P^{3,715} = m \, C_3 \, P^I \frac{d P^I}{d P}$$

und einmal integriert

$$\frac{1}{4,715} P^{4,715} + C_4 = m \, C_3 \, {}^1\!/_2 \, (P^I)^2.$$

Die Gleichung kann mittels Reihenentwicklung vollständig integriert werden.

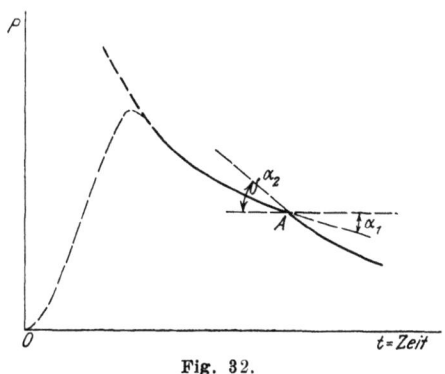

Fig. 32.

Eine Eigenschaft der Expansionslinie läßt sich jedoch jetzt schon nachweisen.

Stellt man sich den Vorgang in dem Augenblick, wo das Geschoß den Lauf verläßt, so vor, daß zuerst die Masse von Geschoß + halbem Pulvergewicht und nachher nur mehr die halbe Pulvermasse zu beschleunigen sei, d. h. daß $m$ plötzlich von 11,5 g auf 1,5 g abnehme, so muß $(P^I)^2$ ebenso plötzlich größer werden, weil $P$ sich gleich bleibt. $m$ wird das 0,13 fache des ursprünglichen Wertes, und damit steigt $(P')^2$ auf sein 7,65 faches an, oder die Neigung der $P$-Linie ändert sich von $\operatorname{tg}\alpha_1$ in $\operatorname{tg}\alpha_2$, wobei sich verhält (s. Fig. 32)

$$\frac{\operatorname{tg}\alpha_1}{\operatorname{tg}\alpha_2} = 2{,}77.$$

Dieser Uebergang ist weniger schroff, als ich erwartet hätte. Die auftretenden Schwankungen im Gasdruck verdecken den Uebergang vollkommen.

Der Punkt des Geschoßaustrittes läßt sich übrigens experimentell nach dem Verfahren von C. Cranz und K. R. Koch[1]) bei dem vorstehend untersuchten Apparate voraussichtlich gut ermitteln.

Das aus dem Lauf eben austretende Geschoß schließt bei dem erwähnten Verfahren den Funkenkreis einer Leydener Flasche. Der Funke wird photographisch festgehalten. Man könnte bei der Anordnung des Interferenzindikators ebenfalls eine durch das austretende Geschoß betätigte Funkenstrecke $J-J$, s. Fig. 7, anordnen, so daß von ihr ein Bild in dem mittleren schwarzen Streifen des Filmes entstünde. Diese Anordnung würde für die Bestimmung der Geschoßreibung aus der Ordinatendifferenz der Gasdruck- und Rückdrucklinien den auf der Abszissenachse liegenden Festpunkt liefern.

Verkleinerung der bewegten Massen: Wenn man einen neuen Apparat entwirft, wird es sich empfehlen, die unterhalb der Linsenberührungsfläche liegenden Teile möglichst starr zu machen und fest auf eine recht schwere Chabotte zu spannen, sowie alle Trennflächen durch sorgfältigstes Planschleifen und Polieren glatt aufeinander zu passen.

Die über den Linsenberührungsflächen liegenden Teile (einschließlich der oberen Glaslinse) sind möglichst leicht zu halten. Es kann vor allem das Stück $J$, sowie $K + L$ viel leichter gehalten werden, indem man den zylindrischen Teil von $J$ verkürzt und die übrigen Teile anbohrt. Es ist möglich, die Werte für $a_8$ bis $a_{11}$ S. 35 wesentlich zu verkleinern.

Ueber den Einfluß der Größe des Krümmungshalbmessers der Linsen auf die anzubringenden Berichtigungen: Das Mindestmaß des Halbmessers $r$ (siehe S. 8) ist mit Rücksicht auf die vorkommenden größten Pressungen $k$ gegeben. Macht man den Halbmesser größer, dann werden die Farbenringe zwar ebenfalls größer, aber auch verschwommener. Außerdem müßte gleichzeitig der Linsendurchmesser und der Durchmesser der Stücke $J$, $K$ und $L$ vergrößert werden. Es wäre zweckmäßiger, den Stempelquerschnitt zu verkleinern, soweit man nicht Gefahr läuft, infolge Vergrößerung der Stempelreibung größere Ungenauigkeiten zu erhalten.

Es hat besondere Vorzüge, mit so großen Linsendurchmessern zu arbeiten, daß man das Diagramm in Originalgröße auf dem Film aufnehmen kann und ohne besondere Hülfsmittel, z. B. Lupen, zu überschauen vermag. Der photographische Teil baut sich bei kleineren Linsendurchmessern allerdings kürzer.

Die Federung an der Linsenberührungstelle kann nicht viel verkleinert werden. Will man den innersten Ring mit Rücksicht auf die Diagrammhöhe, beim Höchstdruck an die Stelle hinauswandern lassen, an der vorher im unbelasteten Zustand der achte Farbenring sich befand, dann ist an dieser Stelle ein lichter Abstand von $8\,\lambda = 0{,}004$ mm ($\lambda$ sei die Wellenlänge des Lichtes) und

---

[1]) S. Abhandlungen der math. phys. Klasse der kgl. bayerischen Akademie der Wissenschaften, Band XIX, 1899, S. 761.

nachher von 0,₀₀₀₁₂ mm vorhanden, d. h. man hat an dieser Stelle im Minimum mit einer gesamten Federung von ungefähr 0,005 mm zu rechnen.

Parallelschaltung einer Stahlröhre zur Druckübertragung: Man könnte daran denken, zwischen $K$ und $L$ (s. Fig. 11) einen Stahlzylinder zur Entlastung der Linsen einzusetzen. Die eben besprochene Federung der Glaslinsen an der Berührungstelle könnte hierdurch aber nicht vermindert werden, nur die Größe der bewegten Massen. Dafür hätte man eine bedenkliche Fehlerquelle geschaffen, da infolge verschieden starker Erwärmung oder ungleich satten Aufeinanderpassens der einzelnen Teile die Kraftübertragung sich sehr leicht ganz unregelmäßig auf Stahlzylinder und Gaslinsen verteilen könnte. Die bedenkliche Wirkung der ungleichen Erwärmung wird selbst bei völliger Isolierung (Entlastung) der Glaslinsen nicht ausgeschaltet.

Verwendung bei geringeren Drücken: Bei der Untersuchung dynamischer Vorgänge (Schlagversuche) oder der Indizierung von Gasmotoren, empfiehlt es sich, die Abmessungen der Proben bezw. die Kolbenquerschnitte so groß zu machen, daß die Newtonschen Ringe beim Höchstdruck, bezw. die Linsen einen Durchmesser von mindestens 30 mm erhalten. Bei kleinerem Linsendurchmesser würde die Herstellung des Stückes $O$, s. Fig. 15 und 16, zu sehr erschwert werden.

Der Verschluß der photographischen Kamera, d. h. der Schalter $H4$, Fig. 21, kann bei Schlagversuchen durch den Bär betätigt werden.

Von Explosionsmotoren werden Diagramme im allgemeinen am besten vermutlich so aufgenommen, daß man eine (einfachere) Kontaktscheibe wie in Fig. 21, um den Diagrammanfang beliebig einstellen zu können, auf die Steuerwelle setzt. In dem besonderen Fall der Aufnahme von Kolbenwegdiagrammen wird man gezwungen sein, wie bei den bekannten Lichtstrahlindikatoren, die photographische Platte stillstehen zu lassen und einen vom Kolben aus bewegten schwingenden Spiegel in den Strahlengang zu schalten. Für manche Fälle wäre wohl auch die Verwendung des im Oszillographen benutzten, mit der Motor- bezw. Steuerwelle synchron laufenden Spiegelrades zweckmäßig, um ein »fortlaufendes Zeitdiagramm« sehen oder photographisch aufnehmen zu können.

Ist mit Drücken unter Atmosphärendruck zu rechnen, so muß auf die Linsen von vornherein ein gewisser Druck ausgeübt werden.

Zum Messen des Gas- bezw. Rückdruckes von Geschützen könnte man sich eine Anordnung denken, bei welcher der während des Schusses auftretende Beschleunigungsdruck zwischen dem Geschütz und einem gegen sein hinteres Ende gespannten schweren Eisenstück bestimmt wird.

## Zusammenfassung.

Die in der vorliegenden Arbeit angestellten Untersuchungen und die (wegen Zeitmangels des Verfassers wenig zahlreichen) ausgeführten Versuche haben gezeigt, daß sehr rasch sich ändernde und besonders auch sehr hoch ansteigende Drücke dadurch genau in ihrem zeitlichen Verlaufe bestimmt, d. h. »indiziert« werden können, daß man als »Indikatorfeder« ein Paar sich sehr innig berührender Glaslinsen verwendet und das Diagramm in der Weise aufzeichnet, daß man die an der Berührungsstelle der Glaslinsen entstehenden und entsprechend der Zu- oder Abnahme der Berührungsfläche sich ändernden Newtonschen Farbenringe photographisch in ihrem Verlaufe festhält.

Ein solcher Apparat, bei dem somit zum ersten Male die optische Interferenz zum Untersuchen dynamischer Vorgänge benutzt wird, ist vollständig frei von beweglich durch Gelenke, Rollen, Schneiden usw. angebrachten Spiegeln oder Prismen und frei von jeglichem totem Gang.

Eine Nullinie ist nicht zu beachten, weil eine Strecke gemessen wird, die sich in ihrer Länge nicht ändert, auch wenn der Druck etwas exzentrisch übertragen wird oder der ganze Apparat Schwingungen ausführt.

Der Indikator wird in seinen Angaben durch elastische Nachwirkungen nicht beeinflußt.

Es genügen verhältnismäßig einfache Lichtquellen, um selbst bei einer Negativgeschwindigkeit von etwa 100 m/sk deutliche Diagramme zu erhalten.

Der »Weg« des Druckangriffpunktes oder die »Federung« des Indikators ist sehr gering. Ihr unterster Wert wird durch ein Mehrfaches der Lichtwellenlänge bestimmt und hängt von der verlangten Genauigkeit oder Diagrammhöhe ab. Mit $0{,}005$ mm Größtfederung an der Linsenberührungstelle erhält man so große Aenderungen in der Größe der Farbenringe, daß auf 1 vH genau abgelesen werden kann. Die von den übrigen Teilen herrührende Federung wird ebenso wie die Größe der bewegten Massen durch die Konstruktion des Indikators bedingt.

Die Federung dieser Teile fällt im allgemeinen gering aus, weil sie nahezu ausschließlich von reinen Druckbeanspruchungen herrührt.

Der Indikator kann für beliebig hohe Drücke verwendet werden, sofern man die Linsendurchmesser entsprechend groß nimmt.

Der optische Interferenzindikator gestattet deshalb, sehr schnell sich ändernde und sehr hoch ansteigende Drücke aufzunehmen, und ermöglicht z. B., qesonders nach Vornahme einfacher Verbesserungen gegenüber dem bis jetzt ausgeführten ersten Exemplar, den zeitlichen Verlauf des Gasdruckes beim Gewehrschuß in einer Weise wiederzugeben, daß nur ganz unbedeutende Berichtigungen infolge der Massenbeschleunigungen anzubringen sind.

If you have any concerns about our products,
you can contact us on
**ProductSafety@springernature.com**

In case Publisher is established outside the EU,
the EU authorized representative is:
**Springer Nature Customer Service Center GmbH
Europaplatz 3, 69115 Heidelberg, Germany**

Printed by Libri Plureos GmbH
in Hamburg, Germany